AF532950

Onasandros

Gute Führung

Onasandros

Gute Führung

Strategikos

Zweisprachige Ausgabe
von Kai Brodersen

marixverlag

Bibliografische Information der Deutschen Nationalbibliothek
Die Deutsche Nationalbibliothek verzeichnet diese Publikation in der Deutschen Nationalbibliografie; detaillierte bibliografische Daten sind im Internet über http://dnb.d-nb.de abrufbar.

Covergestaltung: Karina Bertagnolli, Wiesbaden
© akg-images / De Agostini Picture Lib. / A. Dagli Orti
Satz und Bearbeitung: Kai Brodersen, Erfurt
Gesetzt in der DejaVu Sans
Gesamtherstellung: CPI books GmbH, Leck - Germany

ISBN: 978-3-7374-1074-8

www.verlagshaus-roemerweg.de

Inhaltsübersicht

Einführung

Gute Führung

*Onasandrou Strategik*os, »des Onasandros Buch über den *Strategos*« – so bezeichnet die beste erhaltene Abschrift das antike Werk, das im vorliegenden Band vorgestellt wird. Onasandros legt hierin – am Beispiel eines Feldherrn, eines *Strategos* – als erstes dar, wie eine gute Führungskraft sein muss: »besonnen, selbstbeherrscht, wachsam, sparsam, ausdauernd, verständig, frei von Habgier, weder zu jung noch zu alt, möglichst Vater von Kindern, ein guter Redner und von gutem Ruf« (1.1). Nicht viel hält Onasandros hingegen bei solchen Menschen von persönlichem Reichtum, auch wenn dieser Bestechlichkeit einschränken könnte. Reichtum könne nämlich einen Menschen verderben. Dazu sagt er: »Einen, der Geldgeschäfte macht, selbst wenn er der Allerreichste wäre, werde ich nie empfehlen« (1.20). Nicht zuletzt müsse sich eine Führungspersönlichkeit klug beraten lassen, denn »die einsame Entscheidung eines Mannes, der von anderen darin nicht unterstützt wird, kann nicht weiter sehen als sein eigener Einfallsreichtum, aber das, was auch von den engen Ratgebern bezeugt wird, versichert gegen Fehler« (3.2). Wie aktuell solche Maximen sind oder doch sein sollten, liegt gerade im Hinblick auf den seit 2017 amtierenden *Strategos* der größten westlichen Streitmacht auf der Hand!

Auch zu den Details guter Führung sind die Aussagen des Onasandros nach wie vor hilfreich, selbst wenn militärisches Handeln im Zentrum seiner Darlegungen steht. Immerhin nennt er zum Vergleich auch andere Berufe, etwa Arzt (1.13–15 und 30.1), Steuermann (4.5, 32.10 und 33.2), Musiker (10.3), Jäger (34.5) und Ringer (42.6). So rät er etwa, wenn es eilt, mit gutem Beispiel voranzugehen (42.2). Wenn hingegen wenig zu tun ist, solle man kleine Aufgaben verteilen, damit die Unterstellten nicht die Lust an ihrer Arbeit verlieren (10.1). Überhaupt ist das, was wir heute »Motivation« nennen, für Onasandros immer wieder von besonderer Bedeutung, und zwar vor (1.13; 4.2), während (23.1 und 33.6) und nach einer Unternehmung (1.13–15).

Onasandros

Den Namen des Autors, Onasandros, und den Titel des Buches, *Strategikos*, kennen wir nur durch einen Eintrag am Ende der besten bis heute erhaltenen späteren Abschrift und durch weiter mittelalterliche Kopien (s. u. S. 13). Andere Werke dieses Autors oder verlässliche Nachrichten über ihn liegen bis auf zwei vermeintliche Ausnahmen nicht vor: Johannes Lydos (6. Jh. n. Chr.) erwähnt in seinem Werk über die *Ämter des römischen Staates* (1.47) einen »Onesandros« im Zusammenhang mit den Fachtermini *adoratores* und *veterani*; beide Begriffe kommen aber im hier vorgestellten Werk gar nicht vor. In dem byzantinischen *Suda*-Lexikon aus dem 10. Jh. n. Chr. findet sich ein Eintrag zu einem »On*o*sandros« (O 386): »Ein platonischer Phi-

losoph; (Werke:) *Taktika*, *Strategemata*, Kommentare zu Platons *Staat*.« Keiner der hier angeführten Titel entspricht aber dem des erhaltenen Werkes. Es mag sein, dass der Autor auch *Taktika* (ein Werk über Taktik) wie im 2. Jh. n. Chr. Ailianos, Arrianos und Asklepiodotos oder *Strategemata* (ein Werk über Tricks und Listen im Krieg) wie im 3. Jh. n. Chr. Polyainos verfasst hat, doch ist von diesen Arbeiten überhaupt nichts erhalten. Auch für Kommentare zu Platons Staat fehlt jeder weitere Beleg, ja, einen konkreten Bezug zwischen der platonischen Philosophie und dem *Strategikos* sucht man vergebens. Wir können nicht einmal sicher sagen, ob sich die Angaben im *Suda*-Lexikon überhaupt auf den Autor des *Strategikos* beziehen. Zudem ist nur die Namensform On*a*sandros in antiken Inschriften vielfach belegt, allerdings wird keiner der so Bezeugten als Schriftsteller bezeichnet. Immerhin können wir das Werk aber dank der Person datieren, der es im Prooimion (Vorwort, Pr.1) zugeeignet wird: Quintus Veranius.

Quintus Veranius

Quintus Veranius gehört Onasandros zufolge zu »denen von den Römern, die in die Senatsaristokratie aufgenommen und durch die Voraussicht des Augustus Caesar mit Stellungen als Konsul und *Strategos* ausgezeichnet worden sind« (Pr.1). In der Tat ist aus anderen Quellen – aus den *Jüdischen Altertümern* des Flavius Josephus (um 37 – nach 100 n. Chr.) sowie aus den *Annalen* und der Biographie des *Agricola* des Historikers Publius Cornelius Tacitus (um 55 – um 120 n. Chr.) – und

aus zeitgenössischen Inschriften ein Quintus Veranius bekannt, auf den die genannten Merkmale zutreffen. Das ausführlichste Zeugnis ist eine 1948 in Rom gefundene Grabinschrift, die diesem Mann und seiner als Kind verstorbenen Tochter gewidmet ist. Der Anfang des Textes und einige Textteile (die von der Forschung plausibel ergänzt worden sind und nachfolgend in eckigen Klammern stehen) sind zwar verloren, doch ergibt sich auch so ein gutes Karrierebild:

[...] quin[que]nnio pr[a]efuit / [... eam in pot]est[a]tem Ti(beri) Claudi Caesaris Aug(usti) / [Germanici redegit et in Cilicia castellum Tr]acheotarum expugnatum delevit / [mandatis et litteris Senatus Populique Romani et Ti(beri)] Claudi Caesaris Augusti Germanici / [quibus in Phrygiam quoque missus Cibyrae restit]utionem moenium remissam et interceptam / [... complevit et regionis oppi]d[a (?)] pacavit propter quae auctore / [Ti(berio) Claudio Caesare Augusto Germanico] consul designatus in consulatu nominatione / [eiusdem in locum ...]ni augur creatus in numerum patriciorum adlectus est / [curatori iudicio Neronis Augusti Germ]anici aedium sacrarum et operum locorumque / [publicorum statuam posuit equester] ordo et populus Romanus consentiente senatu ludis / [maximis praefectus est cum honorem non p]etierit ab Augusto principe cuius liberalitatis erat minister / [legatus Neronis Augusti German]ici provinciae Britanniae in qua decessit / [Verania f(ilia) Q(uinti) Ve]rani vixit annis VI et mensibus X

... stand er 5 Jahre lang vor und brachte sie in die Macht des Tiberius Claudius Caesar Augustus Germanicus (Kaiser Claudius; s. u. S. 12); in Kiliken eroberte er eine Festung der Tracheoten und zerstörte sie; im Auftrag und mit Schreiben des Senats und Volks von Rom und des Tiberius Claudius Caesar Augustus Germanicus, durch die er auch nach Phrygien geschickt wurde, vollendete er für Kibyra (beim heutigen Gölsihar) die unterlassene und unterbrochene Wiederherstellung der Mauern und befriedete die Kleinstädte jener Region, wofür er auf Veranlassung von Tiberius Claudius Caesar Augustus Germanicus für das Konsulat designiert wurde und während seines Konsulats auf Vorschlag desselben als Nachfolger von [...]nus zum Augur gewählt wurde und in die Zahl der Patrizier aufgenommen worden ist. Als einem gemäß dem Richtspruch des Nero Augustus Germanicus (Kaiser Nero; s. u. S. 12) eingesetzten Kurator der hei-

ligen Tempel sowie der öffentlichen Bauten und Plätze errichteten ihm eine Statue der Ritterstand und das Volk von Rom mit Zustimmung des Senats. Er ist Vorstand für die größten Spiele geworden, und obwohl er keine Ehre vom Princeps Augustus erbat, dessen Minister für Schenkungen er war, wurde er *Legatus* des Nero Augustus Germanicus für die Provinz Britannien, in der er starb. Verania, die Tochter des Quintus Veranius, lebte 6 Jahre und 10 Monate.

(*Corpus Inscriptionum Latinarum* VI 41075;
s. Giovagnoli 2012, 324 f.)

Das *Imperium Romanum* war im 1. Jh. n. Chr. faktisch eine Monarchie, selbst wenn die Macht formal noch bei *SPQR*, *Senatus Populusque Romanus*, also bei Senat und Volk von Rom lag. Auch gab es noch immer im Volk die alte Unterscheidung von Patriziern und Plebejern. Die öffentlichen Positionen der alten Republik, angefangen mit den obersten Jahresämtern der beiden Konsuln, wurden nach wie vor besetzt, freilich vorwiegend als Ehrenstellungen. Politische Bedeutung kam den Konsuln und dem Senat jedoch nach wie vor zu, wenn es galt, einen neuen Kaiser zu bestimmen. Als Caligula (12–41 n. Chr., Kaiser seit 37) im Januar 41 n. Chr. ermordet worden war, gab es im Senat unterschiedliche Auffassungen darüber, wer Nachfolger werden solle. Insbesondere versuchten einige Senatoren, eine Machtübernahme durch Caligulas Onkel Claudius zu verhindern, vor dessen loyalen Streitkräften man sich fürchtete, und schickten die *Tribuni Plebis*, die Vertreter der Plebejer Quintus Veranius und Brocchus, zu Claudius. Die beiden boten aber dann Claudius die Kaiserwürde an, »wenn er sie als vom Senat verliehen annehme; er würde sie dann nämlich günstiger und glücklicher ausüben, wenn er sie nicht mit Gewalt, sondern mit dem Wohlwollen derer annehme, die sie ihm geben« (Josephus, *Jüdische Altertümer* 19.234–235).

Claudius übernahm tatsächlich als Tiberius Claudius Caesar Augustus Germanicus die Kaiserherrschaft und vergaß auch später seine Förderer nicht. In der von ihm neu eingerichteten Provinz Lykien in Kleinasien setzte er wenig später Quintus Veranius als *Legatus* (Militärbefehlshaber) ein. Im Jahr 48 n. Chr. veranlasste er schließlich, dass Quintus Veranius in den Patrizierstand erhoben und für das folgende Jahr zu einem der beiden Konsuln designiert wurde; außerdem wurde jener Mitglied des Kollegiums der Auguren, dem nur höchstrangige Persönlichkeiten angehörten, nicht zuletzt der Kaiser selbst.

Als Claudius 54 n. Chr. starb, setzte sein Adoptivsohn und Nachfolger Nero (37–68 n. Chr.) als Kaiser Nero Augustus Germanicus diese Förderung fort. Er beteiligte Quintus Veranius an der Organisation der Festspiele des Jahres 57 n. Chr. und machte ihn dann zum *Legatus* der von Claudius neu eingerichteten Provinz Britannien. Quintus Veranius versuchte, deren seinerzeit auf die Südostgebiete der Insel beschränktes Gebiet zu erweitern. »Daran, den Krieg weiter auszudehnen, wurde er vom Tod gehindert; von hohem Ruhm zu Lebzeiten für seine Strenge, erwies er sich in den letzten Worten seines Testaments als ehrgeiziger Höfling: Bei vieler Schmeichelei für Nero fügte er nämlich hinzu, er hätte für ihn die Provinz unterworfen, wenn er zwei Jahre länger gelebt hätte« (Tacitus, *Annalen* 14.29.1; vgl. Tacitus, *Agricola* 14.2). Diesem Quintus Veranius also, einem einflussreichen Politiker, erfolgreichen Militär und Protegé der Kaiser Claudius und Nero im 1. Jh. n. Chr., ist wohl der *Strategikos* des Onasandros zugeeignet – und damit datiert.

Zu dieser Ausgabe

Das Werk des Onasandros ist – wie fast alle antiken Werke – nicht im Original, sondern nur durch wiederholte Abschriften erhalten. Deren älteste erhaltene Exemplare stammen aus dem 10. Jh. n. Chr., sind also fast ein Jahrtausend jünger als das Original. In der Altertumswissenschaft wurden – namentlich zuletzt von Eleonore Korzensky und Rudolph Váry 1935 – zwei Handschriftenfamilien ermittelt, die auf unterschiedliche Abschriften des Originals zurückgehen. Für die erste von ihnen ist der älteste erhaltene »Stammvater« der *Codex Laurentianus* LV 4 aus dem 10. Jh. n. Chr., der später wiederholt kopiert wurde. Er überliefert den Text des Onasandros auf *fol.* 200r bis 217v und beginnt wegen eines Blattverlustes mitten im Satz von Pr.6. Die zweite dieser Handschriftenfamilien, deren Text einige später eingetragene Fehler enthält, wird durch zwei Abkömmlinge eines verlorenen »Stammvaters« repräsentiert: den *Codex Vaticanus gr.* 1164 und den *Codex Parisinus gr.* 2442, die beide im frühen 11. Jh. n. Chr. entstanden sind und das Werk vollständig überliefern. Ferner gibt es eine Paraphrase, die etwa zu derselben Zeit belegt ist. Diese ist freilich für die Rekonstruktion des Textes nicht von Bedeutung, wohl aber als Beleg für das lebendige Interesse an ihm.

Der für diesen Band neu erstellte Lesetext beruht deshalb, soweit möglich, auf der ältesten und besten Abschrift von Onasandros' Werk, die uns im *Codex Laurentianus* LV 4 erhalten ist. Die Buchstaben und Textteile, die dort überflüs-

sig sind, stehen in der vorliegenden Ausgabe in eckigen Klammern und bleiben unübersetzt; umgekehrt umschließen spitze Klammern notwendige Ergänzungen und werden übersetzt. Verbesserungen von Schreibfehlern der Kopisten verzeichnet der kritische Apparat zum Text (s. u. S. 151 ff.), auf den in der Edition mit dem Zeichen ° verwiesen wird. Damit wird es möglich, bei jeder Angabe nachzuvollziehen, was der überlieferte Text besagt und wie er zu verbessern ist, um dem verlorenen Original möglichst nahe zu kommen. Die moderne Einteilung des Textes in Kapitel und Paragraphen (Abschnitte) ist in runden Klammern eingetragen.

Onasandros' Ratschläge sind auch heute noch meist gut verständlich. Vorab sei gesagt, dass Entfernungen in *Stadia* (von je etwa 180 m Länge) angegeben werden. Zur Orientierung in Raum und Zeit gab es weder Landkarten (11.2) noch Uhren, vielmehr nutzten man nachts die Sterne zur Zeitmessung (39.1–3). Nicht Massenmedien, sondern unmittelbare Rhetorik und Gestik hatten den größten Einfluss (1.13–16; 13.3; 14.2). Den Schlachtbeginn bezeichnet Onasandros bemerkenswerterweise als *ta deina*, »die Schrecklichkeiten«. Weitere Erläuterungen stehen in der Übersetzung in runden Klammern.

Onasandros' Buch war lange vergessen: Die letzte Übersetzung ins Deutsche ist im 18. Jh. erschienen! Doch verdient das Werk gerade heute Beachtung. Lesen Sie selbst, wie überzeitlich, ja hochaktuell, die Ratschläge des antiken Autors Onasandros sind, wenn es um gute Führung geht!

<ΟΝΑΣΑΝΔΡΟΥ ΣΤΡΑΤΗΓΙΚΟΣ>

ONASANDROS GUTE FÜHRUNG

<προοίμιον>

(Pr.1) ἱππικῶν μὲν λόγων ἢ κυνηγετικῶν ἢ ἁλιευτικῶν τε αὖ καὶ γεωργικῶν συνταγμάτων προσφώνησιν ἡγοῦμαι πρέπει<ν> ἀνθρώποις, οἷς πόθος ἔχεσθαι τοιῶνδε ἔργων, στρατηγικῆς δὲ περὶ θεωρίας, ὦ Κόϊντε Οὐηράνιε, Ῥωμαίοις καὶ μάλιστα Ῥωμαίων τοῖς τὴν συγκλητικὴν ἀριστοκρατίαν λελογχόσι° καὶ κατὰ τὴν Σεβαστοῦ Καίσαρος ἐπιφροσύνην ταῖς° τε ὑπάτοις καὶ στρατηγικαῖς ἐξουσίαις κοσμουμένοις διά τε παιδείαν, ἧς οὐκ ἐπ' ὀλίγον ἔχουσιν ἐμπειρίαν, καὶ προγόνων ἀξίωσιν.
(Pr.2) ἀνέθηκα δὲ πρώτοις σφίσι° τόνδε τὸν λόγον οὐχ ὡς ἀπείροις στρατηγίας, ἀλλὰ μάλιστα τῇδε θαρρήσας, ᾗ τὸ μὲν ἀμαθὲς τῆς ψυχῆς καὶ <τὸ> παρ' ἄλλῳ κατορθούμενον ἠγνόησεν, τὸ δὲ ἐν ἐπιστήμῃ τῷ καλῶς ἔχοντι προσεμαρτύρησεν.
(Pr.3) ὅθεν, εἰ καὶ παρὰ πολλοῖς φανείη νενοημένα τὰ παρ' ἐμοῦ συντεταγμένα, καὶ κατὰ τοῦτο ἂν ἡσθείην, ὅτι μὴ μόνον στρατηγικὰς συνεταξάμην ὑφηγήσεις, ἀλλὰ καὶ στρατηγικῆς ἐστοχασάμην καὶ τῆς ἐν αὐτοῖς φρονήσεως, εὐτυχοίην τ' ἄν, εἰ, ἃ δὴ Ῥωμαίοις δυνάμει καὶ δι' ἔργων πέπρακται°, ταῦτ' ἐγὼ λόγῳ περιλαβεῖν ἱκανὸς

Vorwort

(Pr.1) Werke über Reiten, Jagd, Fischfang oder auch Abhandlungen zur Landwirtschaft soll man, wie ich meine, den Menschen zueignen, die solche Werke begehren, ein Buch über die strategische Theorie aber, mein Quintus Veranius (s. o. S. 9 ff.), den Römern und insbesondere denen von den Römern, die in die Senatsaristokratie aufgenommen und durch die Voraussicht des Augustus Caesar mit Stellungen als Konsul und *Strategos* ausgezeichnet worden sind, und zwar wegen ihrer Bildung, in der sie nicht nur kurze Zeit Erfahrung gemacht haben, und wegen der Wertschätzung ihrer Vorfahren.
(Pr.2) Gewidmet habe ich dieses Werk als ersten diesen, nicht als Männern ohne strategische Erfahrung, sondern vor allem mit besonderem Vertrauen darauf, dass zwar die Unkundigkeit der Seele auch das von einem anderen Geleistete nicht erkennt, dass aber, was auf Erfahrungswissen beruht, stets auch dem, das sich gut verhält, ein gutes Zeugnis ausgestellt hat.
(Pr.3) Zwar scheint das, was ich (in meiner Abhandlung) zusammengestellt habe, schon von vielen anderen abgehandelt worden zu sein. Dennoch würde ich mich – weil ich nicht nur Anleitungen zusammengestellt habe, sondern auch auf die Kunst des *Strategos* und die darin liegende Vernunft gezielt habe – freuen, wenn ich als einer, der das, was von den Römern mit Macht und Tatkraft getan worden ist, in einem Werk zu-

εἶναι [δόξαιμι· εἰ δὴ] παρὰ τοιούτοις ἀνδράσι δοκιμασθείην.
(Pr.4) τὸ δὲ σύνταγμα θαρροῦντί μοι λοιπὸν εἰπεῖν ὡς στρατηγῶν τε ἀγαθῶν ἄσκησις ἔσται παλαιῶν τε ἡγεμόνων κατὰ τὴν σεβαστὴν εἰρήνην ἀνάθημα, εἰσόμεθά τε καὶ εἰ μηδὲν ἄλλο, παρ' ἣν αἰτίαν οἵ τε πταίσαντες ἐσφάλησαν τῶν στρατηγησάντων, οἵ τε εὐπραγήσαντες ἐπῄρθησαν° εἰς δόξαν· μάλιστα δὲ τὴν Ῥωμαίων ἀρετὴν ἐννοήσομεν, ὡς οὔτε βασιλεὺς οὔτε πόλις οὔτε ἔθνος μεῖζον ἡγεμονίας ἐκρατύνατο μέγεθος, ἀλλ' οὐδ' εἰς ἶσον ἤλασεν, ὥστε τοσούτοις βεβαιώσασθαι χρόνοις ἀκίνητον δυναστείαν.
(Pr.5) οὐ γὰρ τύχῃ μοι δοκοῦσιν ὑπεράραντες τοὺς τῆς Ἰταλίας ὅρους ἐπὶ πέρατα γῆς ἐκτεῖναι τὴν σφετέραν ἀρχήν, ἀλλὰ πράξεσι στρατηγικαῖς. συνεπιλαμβάνεσθαι μὲν γὰρ εὔχεσθαι δεῖ καὶ τὴν τύχην, οὐ μὴν τὸ παράπαν οἴεσθαι ταύτην κρατεῖν.
(Pr.6) ἀλλ' ἀνόητοι οἱ καὶ τὰ σφάλματα τῆς τύχης ἐγκλήματα μόνης ποιούμενοι, οὐ τῆς τῶν στρατηγούντων ἀμελείας, καὶ τὰ κατορθώματα [*fol.* 200r]° ταύτης, οὐ τῆς ἐμπειρίας τῶν ἡγουμένων· οὔτε γὰρ ἐπιεικὲς ἀνεπιτίμητον οὕτως ἀπολιπεῖν τὸν πταίοντα τοῖς ὅλοις, ὡς πάντων αἰτιᾶσθαι τὴν τύχην, οὔτε δίκαιον ἀμάρτυρον ἐπὶ τοσοῦτον ἐπαίνου τὸν κατορθοῦντα περιορᾶν, ἐφ' ὅσον ἁπάντων ἀνατιθέναι τῇ τύχῃ τὴν χάριν.

sammenfassen kann, von solchen Männern für befähigt angesehen würde.
(Pr.4) Es bleibt mir, mit gutem Mut von meiner Abhandlung zu sagen, dass sie eine Übung für gute *Strategoi* sein soll und für alte Kommandanten in der *Pax Augusta* (dem Frieden des Römischen Reichs) eine Weihegabe. Wir werden wenn schon nichts anderes, dann aber sicher doch erfahren, aus welchem Grund einige *Strategoi* gestrauchtelt und gestürzt sind, andere aber gute Leistungen erbracht haben und zum Ruhm erhoben worden sind. Vor allem aber werden wir die Tapferkeit der Römer betrachten, wie weder ein König oder eine Stadt noch ein Stamm mehr, ja nicht einmal gleich große Kommandogewalt hatte, weshalb über eine so lange Zeit die Herrschaft unerschüttert fest stand.
(Pr.5) Es ist ja, wie mir scheint, kein Zufall, dass sie die Grenzen Italiens überschritten und ihre Herrschaft bis an die Grenzen der Erde ausgedehnt haben, sondern Folge der Taten von *Strategoi*. Dazu muss man hinzufügen, dass es nötig ist, auch um Glück zu beten und dabei zu wissen, dass dieses alles beherrscht.
(Pr.6) Töricht sind hingegen diejenigen, die Wechsel des Glücks zum Schlechten allein der Fahrlässigkeit der *Strategoi* anlasten, jedoch Wechsel zum Guten nicht der Erfahrung der Kommandanten zuschreiben. So ist es nicht angemessen, einen, der in allem versagt hat, ungestraft gehen zu lassen, da ja das Glück für alles verantwortlich sei, und auch nicht gerecht, den Erfolgreichen ohne so viel Anerkennung zu übergehen, wie man dem Glück als Dankesgabe weiht.

(Pr.7) ἐπειδὴ δὲ φύσει πάντες ἄνθρωποι τοῖς μὲν δι’ ἐμπειρίας συντετάχθαι δοκοῦσι, κἂν ἀσθενῶς ἀπαγγέλληται, τὸ πιστὸν εἰς ἀλήθειαν ἀπονέμουσιν, τοῖς δὲ ἀπείροις, κἂν ᾖ δυνατὰ πραχθῆναι, διὰ τὸ ἀδοκίμαστον ἀπιστοῦσιν, ἀναγκαῖον ἡγοῦμαι περὶ τῶν ἐν τῷδε τῷ λόγῳ στρατηγημάτων ἠθροισμένων τοσοῦτο προειπεῖν, ὅτι πάντα διὰ πείρας ἔργων ἐλήλυθεν καὶ ὑπὸ ἀνδρῶν τοιούτων, ὧν ἀπόγονον ὑπάρχει Ῥωμαίων ἅπαν τὸ γένει καὶ ἀρετῇ μέχρι τοῦ δεῦρο πρωτεῦον.

(Pr.8) οὐθὲν γὰρ ἐσχεδιασμένον ἀπολέμῳ καὶ νεωτέρᾳ γνώμῃ τόδε περιέχει τὸ σύνταγμα, ἀλλὰ πάντα διὰ πράξεων καὶ ἀληθινῶν ἀγώνων κεχωρηκότα μάλιστα μὲν Ῥωμαίοις· ἅ τε γὰρ ποιήσαντες ἐφυλάξαντο παθεῖν καὶ δι’ ὧν ἐμηχανήσαντο δρᾶσαι, πάντα μοι συνείλεκται.

(Pr.9) καίτοι οὐκ ἠγνόηκα, ὅτι μᾶλλον ἄν τις εἵλετο πάνθ’ ἑαυτοῦ καὶ τῆς ἰδίας ἀγχινοίας τὰ στρατηγήματα δοκεῖν εἶναι, πλείονα θηρώμενος ἔπαινον <ἀπὸ> τῶν πιστευσάντων, ἢ [ἀπὸ] τῆς ἀλλοτρίας ἐπινοίας· ἐγὼ δὲ οὐ παρὰ τοῦτ’ ἐλαττοῦσθαι δοκῶ.

(Pr.10) καθάπερ γάρ, εἴ τις ἐν πολέμοις αὐτὸς στρατευσάμενος συνετάξατο τοιόνδε λόγον, οὐκ ἂν παρὰ τοῦτο ἥττονος ἠξιοῦτο μαρτυρίας, ὅτι μὴ μόνον φυσικῆς ἀγχινοίας ἰδίαν εὕρεσιν εἰσηνέγκατο στρατηγημάτων, ἀλλὰ καὶ τὰ δι’

(Pr.7) Daher weisen von Natur aus alle Menschen denjenigen, die eine Abhandlung aufgrund von Erfahrung geschrieben zu haben scheinen, selbst wenn es eine schwache Darlegung ist, das Vertrauen in die Wahrheit zu, den Unerfahrenen aber, selbst wenn sie praktische Lehren bieten, misstrauen sie wegen des Mangels an Reputation. Daher halte ich es für notwendig, über die in diesem Buch gesammelten *Strategos*-Handlungen vorweg zu sagen, dass alles aus der Erfahrung von Taten und von solchen Männern kommt, deren Vermächtnis es ist, dass das ganze Primat der Römer in Abstammung und Tapferkeit bis in die Gegenwart Bestand hat.
(Pr.8) Nichts aus dem Stegreif von einer unkriegerischen und allzu neuen Meinung Genommenes umfasst diese Abhandlung, sondern alles ist in der Praxis und wirklichen Kämpfen umgesetzt worden, insbesondere von den Römern. Mit welchen Taten sie sich davor schützten zu leiden und mit welchen sie es bewerkstelligten zu handeln, ist alles von mir gesammelt worden.
(Pr.9) Ich habe freilich auch vernommen, manch einer zöge es vor, es so scheinen zu lassen, dass alle *Strategos*-Handlungen von ihm selbst und seiner eigenen Geisteskraft stammten, und wolle so mehr Lob von einer leichtgläubigen Leserschaft als vom Scharfsinn anderer erreichen. Ich jedenfalls glaube nicht, dass man dadurch herabgesetzt würde.
(Pr.10) Wenn nämlich jemand, der selbst in Kriegen *Strategos* war, dieses Werk verfasst hätte, würde man es nicht als geringeres Zeugnis einschätzen, wenn er nicht nur seiner eigenen Geisteskraft Erfindungen von *Strategos*-Handlungen

ἄλλων εὖ πραχθέντα μνήμῃ παραθέμενος εἰς σύνταξιν ἤγαγεν, οὕτως οὐδ' ἐμαυτὸν οἴομαι τοὔλαττον ἐπαίνων οἴσεσθαι παρὰ τοῦθ', ὅτι μὴ πάντα τῆς ἐμῆς ὁμολογῶ συνέσεως εἶναι, τοὐναντίον δὲ προείληφα τόν τ' ἔπαινον ἀνεπίφθονον ἕξειν καὶ τὴν πίστιν ἀσυκοφάντητον.

zuschreibt, sondern auch das, was von anderen gut gemacht worden ist, in seine Zusammenstellung aufnimmt. So glaube auch ich nicht, dass ich darin weniger Lob gewinnen werde, wenn ich einräume, dass nicht alles meinem eigenen Verstand entsprungen ist; vielmehr habe ich damit die Möglichkeit, neidlos zu loben und unverstellt zu tadeln.

(1.1) φημὶ τοίνυν αἱρεῖσθαι τὸν στρατηγὸν οὐ κατὰ γένη κρίνοντας, ὥσπερ τοὺς ἱερέας, οὐδὲ κατ' οὐσίας, ὡς τοὺς γυμνασιάρχους, ἀλλὰ σώφρονα, ἐγκρατῆ, νήπτην, λιτόν, διάπονον, νοερόν, ἀφιλάργυρον, μήτε νέον μήτε πρεσβύτερον, ἂν τύχῃ καὶ πατέρα παίδων, ἱκανὸν λέγειν, ἔνδοξον.

‣ (1.2) σώφρονα μέν, ἵνα μὴ ταῖς φυσικαῖς ἀνθελκόμενος ἡδοναῖς ἀπολείπῃ τὴν ὑπὲρ τῶν μεγίστων φροντίδα.

‣ (1.3) ἐγκρατῆ δέ, ἐπειδὴ τηλικαύτης ἀρχῆς μέλλει τυγχάνειν· αἱ γὰρ ἀκρατεῖς ὁρμαὶ προσλαβοῦσαι τὴν τοῦ δύνασθαί τι ποιεῖν ἐξουσίαν ἀκατά[*fol.* 200v]σχετοι γίγνονται πρὸς τὰς ἐπιθυμίας.

‣ (1.4) νήπτην δ' ὅπως ἐπαγρυπνῇ ταῖς μεγίσταις πράξεσιν· ἐν νυκτὶ γὰρ ὡς τὰ πολλὰ ψυχῆς ἠρεμούσης στρατηγοῦ γνώμη τελειοῦται.

‣ (1.5) λιτὸν δέ, ἐπειδὴ κατασκελετεύ<ου>σιν αἱ πολυτελεῖς θεραπεῖαι δαπανῶσαι χρόνον ἄπρακτον εἰς τὴν τῶν ἡγουμένων τρυφήν.

‣ (1.6) διάπονον δ', ἵνα μὴ πρῶτος τῶν στρατευομένων, ἀλλ' ὕστατος° κάμνῃ.

‣ (1.7) νοερὸν <δέ·> ὀξὺν γὰρ εἶναι δεῖ τὸν στρατηγὸν ἐπὶ πᾶν ᾄττοντα δι' ὠκύτητος ψυχῆς κατὰ τὸν Ὅμηρον »ὡσεὶ πτερὸν ἠὲ νόημα«· πολλάκις γὰρ ἀπρόληπτοι ταραχαὶ προσπεσοῦσαι σχεδιάζειν ἀναγκάζουσι τὸ συμφέρον.

(1.1) Ich sage also, dass wir den *Strategos* nicht – wie Priester – aufgrund der Abstammung auswählen müssen und auch nicht – wie Vorsteher von Gymnasien – nach dem Reichtum, sondern weil er besonnen ist, selbstbeherrscht, wachsam, sparsam, ausdauernd, verständig, frei von Habgier, weder zu jung noch zu alt, möglichst Vater von Kindern, ein guter Redner und von gutem Ruf, also:

- (1.2) besonnen, damit er nicht durch die leiblichen Freuden so abgelenkt wird, dass er die Fürsorge für die größten Dinge vernachlässigt.
- (1.3) selbstbeherrscht, da er ein so bedeutendes Amt übernehmen will; die unbeherrschten Impulse, die das Handlungsvermögen an sich ziehen, werden nämlich hinsichtlich der Begierden unhaltbar.
- (1.4) wachsam, damit er für die wichtigsten Angelegenheiten nicht müde wird, denn in der Nacht, wenn die Seele weitgehend Ruhe hat, vervollkommnet der *Strategos* seine Pläne.
- (1.5) sparsam, da die aufwändigen Luxusausgaben unproduktive Zeit für die Schwelgerei der Kommandanten verrinnen lassen.
- (1.6) ausdauernd, damit er nicht als erster von den Kriegführenden zur Ruhe geht, sondern als letzter.
- (1.7) verständig; der *Strategos* muss nämlich bei jedem Umschwung durch die Schnelligkeit der Seele schnell sein, wie Homer (*Odyssee* 7.36) sagt, »wie ein Vogel oder Gedanke«, denn oft entstehen unerwartete Störungen, die ihn zwingen können, spontan das Nützliche zu tun.

▸ (1.8) <ἀφιλάργυρον δέ·> ἡ γὰρ° ἀφιλαργυρία δοκιμασθήσεται καὶ πρώτη· τοῦ γὰρ ἀδωροδοκήτως καὶ μεγαλοφρόνως προΐστασθαι τῶν πραγμάτων αὕτη παραιτία· πολλοὶ γάρ, κἂν διὰ τὴν ἀνδρίαν ἀσπίσι πολλαῖς καὶ δόρασιν ἀντιβλέψωσιν, περὶ τὸν χρυσὸν ἀμαυροῦνται· δεινὸν γὰρ πολεμίοις ὅπλον τοῦτο καὶ δραστήριον εἰς τὸ νικᾶν.

▸ (1.9) οὔτε δὲ νέον οὔτε πρεσβύτερον, ἐπειδὴ ὁ μὲν ἄπιστος, ὁ δ' ἀσθενής· οὐδέτερος <γὰρ> ἀσφαλής, ὁ μὲν νέος, ἵνα μή τι διὰ τὴν ἀλόγιστον πταίσῃ τόλμαν, ὁ δὲ πρεσβύτερος, ἵνα μή <τι> διὰ τὴν φυσικὴν ἀσθένειαν ἐλλείπῃ. (1.10) κρατίστη δ' αἵρεσις ἡ τοῦ μέσου· καὶ γὰρ τὸ δυνατὸν ἐν τῷ μηδέπως γεγηρακότι καὶ τὸ φρόνιμον ἐν τῷ μὴ πάνυ νεάζοντι, ὡς οἵτινές γε ἢ σώματος ῥώμην ἄνευ ψυχῆς ἔμφρονος° ἐδοκίμασαν ἢ ψυχὴν φρόνιμον ἄνευ σωματικῆς ἕξεως, οὐδὲν ἐπέραναν· ἡ γὰρ ὑστερήσασα φρόνησις οὐδὲν ἐνόησε κρεῖττον, ἡ <δ'> ἐλλείπουσα δύναμις οὐδὲν ἐτελείωσεν.

▸ (1.11) ὅ γε μὴν εὐδοκιμῶν οὐ μικρὰ τοὺς ἑλομένους ὤνησεν· ὅντινα γὰρ ἄνθρωποι φιλοῦσιν αὐτομάτῃ διανοίας ἐνδόσει°, τούτῳ ταχὺ μὲν ἐπιτάττοντι πείθονται, λέγοντι δ' οὐκ ἀπιστοῦσι, κινδυνεύοντι δὲ συναγωνίζονται.

▸ (1.12) πατέρα δὲ προὔκρινα μᾶλλον, οὐδὲ τὸν ἄπαιδα παραιτούμενος, ἂν ἀγαθὸς ᾖ· ἐάν τε γὰρ ὄντες τύχωσι νήπιοι, ψυχῆς εἰσιν ἰσχυρὰ φίλτρα περὶ τὴν εὔνοιαν ἐξομηρεύσασθαι δυνάμενα στρατηγὸν° πρὸς πατρίδα, δεινοὶ καὶ ὀξεῖς μύωπες

▸ (1.8) frei von Habgier; die Freiheit von Habgier wird nämlich als erste geschätzt. Sie ist ja Ursache dafür, die Angelegenheiten unbestechlich und großmütig anzugehen, denn viele werden, auch wenn sie sich voller Mut vielen Schilden und Speeren gegenübersehen, vom Gold geblendet; eine schreckliche Waffe ist dieses gegen Feinde und wirksam für den Sieg.

▸ (1.9) weder zu jung noch zu alt, da er im ersten Fall nicht vertrauenswürdig, im letzten schwach ist. Beide Fälle sind ja nicht sicher: Der Junge soll nicht aus Unvernunft rücksichtslos kühn sein, der Ältere nichts durch körperliche Schwäche vernachlässigen. (1.10) Die stärkste Wahl ist die der Mitte, denn die Macht ist in dem, der noch nicht alt geworden ist, und Besonnenheit in dem, der nicht mehr ganz jung ist, sodass diejenigen, die Körperkraft ohne Seele für vernünftig hielten oder eine Seele ohne körperliches Vermögen für klug, nichts erreichen: Eine zu spät kommende Überlegung hat noch nie etwas Stärkeres bedacht, eine ausfallende Kraft noch nie etwas vollendet.

▸ (1.11) Der Mann von gutem Ruf hat denen, die ihn ausgewählt haben, nicht wenig genützt; demjenigen, den Menschen in unwillkürlicher Zuneigung des Verstands lieben, dem gehorchen sie unverzüglich, wenn er etwas befiehlt. Wenn er etwas sagt, misstrauen sie nicht, und wenn er Risiken eingeht, kämpfen sie mit ihm.

▸ (1.12) Einen Vater habe ich bevorzugt, auch wenn ich den Kinderlosen nicht ablehne, wenn er gut ist. Wenn nämlich die Kinder noch klein sind, bilden sie starke Zaubermittel für die Seele, die den *Strategos* bezüglich des Wohlwollens für das Vaterland als Geisel nehmen, schreckliche und

πατρός, οἷοί τε ἀναστῆσαι θυμὸν ἐπὶ πολεμίους, ἄν τε τέλειοι, σύμβουλοι καὶ συ[σ]στράτηγοι καὶ πιστοὶ τῶν ἀπορρήτων ὑπηρέται γιγνόμενοι συγκατορθοῦσι τὰ κοινὰ πράγματα.

‣ (1.13) λέγειν δ' ἱκανόν· ἔνθεν γὰρ ἡγοῦμαι τὸ μέγιστον ὠφελείας ἵξεσθαι διὰ στρατεύματος· ἐάν τε γὰρ ἐκτάττῃ πρὸς μάχην στρατηγός, ἡ τοῦ λόγου [*fol.* 201r] παρακέλευσις τῶν μὲν δεινῶν ἐποίησε καταφρονεῖν, τῶν δὲ καλῶν ἐπιθυμεῖν, καὶ οὐχ οὕτως ἀκοαῖς ἐνηχοῦσα σάλπιγξ ἐγείρει ψυχὰς εἰς ἅμιλλαν μάχης, ὡς λόγος εἰς προτροπὴν ἀρετῆς ἐναγωνίου ῥηθεὶς αἰχμάζουσαν ἀνέστησε πρὸς τὰ δεινὰ τὴν διάνοιαν, ἄν τέ τι συμβῇ πταῖσμα περὶ τὸ στρατόπεδον, ἡ τοῦ λόγου παρηγορία τὰς ψυχὰς ἀνέρρωσε, καὶ πολὺ δὴ χρησιμώτερός ἐστι στρατηγοῦ λόγος οὐκ ἀδύνατος ὥστε παραμυθεῖσθαι τὰς ἐν στρατοπέδοις συμφοράς, τῶν ἑπομένων τοῖς τραυματίαις ἰατρῶν· (1.14) <οἱ> μὲν γὰρ ἐκείνους μόνους τοῖς φαρμάκοις θεραπεύουσιν, ὁ δὲ καὶ τοὺς κάμνοντας εὐθυμοτέρους ἐποίησεν καὶ τοὺς ἐρρωμένους ἀνέστησε· (1.15) καὶ ὥσπερ τὰ ἀόρατα νοσήματα τῶν ὁρωμένων δυσχερεστέραν ἔχει τὴν θεραπείαν, οὕτως ψυχὰς ἐξαθυμούσας° ἰάσασθαι λόγῳ παρηγορήσαντα δυσκολώτερον, ἢ σωμάτων φανερὰν ἐξ ἐπιπολῆς θεραπεῦσαι νόσον. (1.16) οὐδὲ χωρὶς στρατηγῶν οὐδὲ μία πόλις ἐκπέμψει στρατόπεδον, οὐδὲ δίχα τοῦ δύνασθαι λέγειν αἱρήσεται στρατηγόν.

scharfe Stachel für einen Vater, die seinen Mut gegen Feinde wecken können. Wenn die Kinder erwachsen sind, werden sie Berater, Mit-*Strategoi* und treue Hüter der Geheimnisse werden, die bei der Ausrichtung der öffentlichen Angelegenheiten mitwirken.

‣ (1.13) ein guter Redner, denn davon, glaube ich, wird der größte Nutzen für das Heer kommen. Wenn nämlich ein *Strategos* seine Leute vor der Schlacht aufstellte, bewirkte die Ermutigung durch seine Worte, dass sie den Schlachtbeginn (s. o. S. 14) geringschätzten, und ein Trompetenruf, der in den Ohren klang, weckte die Seelen nicht so wirkungsvoll zum Wettstreit der Schlacht wie eine Rede, die als kämpferischer Aufruf an die zur Auseinandersetzung bereiten Seelen den Sinn auf den Schlachtbeginn richtete. Wenn aber eine Niederlage beim Heer geschehen war, bestärkte der Trost der Rede die Seelen. Ja, viel nützlicher ist eine Rede des *Strategos,* für die es nicht unmöglich ist, bei Unglücken in den Heeren Trost zuzusprechen, als die Ärzte, die zu den Verwundeten kommen. (1.14) Jene heilen ja nur mit Medikamenten, er aber machte die Leidenden wieder guten Mutes und richtete die Tauglichen wieder auf. (1.15) So wie für unsichtbare Krankheiten die Therapie schwieriger ist als für sichtbare, so ist es auch schwerer, mutlose Seelen durch eine Rede aufzurichten, als eine offensichtliche körperliche Krankheit an der Oberfläche zu heilen. (1.16) Keine einzige Stadt wird ein Heer ohne *Strategoi* aussenden und keine einen *Strategos* bei Zweifeln an seiner Redefähigkeit auswählen.

‣ (1.17) τὸν δὲ ἔνδοξον, ὅτι τοῖς ἀδόξοις ἀσχάλλει τὸ πλῆθος ὑποταττόμενον· οὐθεὶς γὰρ ἑκὼν ὑπομένει τὸν αὑτοῦ χείρονα κύριον ἀναδέχεσθαι καὶ ἡγεμόνα. (1.18) πᾶσα δὲ ἀνάγκη τὸν τοιοῦτον ὄντα καὶ τοσαύτας ἀρετὰς ἔχοντα ψυχῆς, ὅσας εἴρηκα°, καὶ ἔνδοξον εἶναι.

(1.19) φημὶ δὲ μήτε τὸν πλούσιον, ἐὰν ἐκτὸς ᾖ τούτων, αἱρεῖσθαι στρατηγὸν διὰ τὰ χρήματα, μήτε τὸν πένητα, ἐὰν ἀγαθὸς ᾖ, παραιτεῖσθαι διὰ τὴν ἔνδειαν· οὐ μὴν χρή γε τὸν πένητα οὐδὲ τὸν πλούσιον, ἀλλὰ καὶ τὸν πλούσιον <καὶ τὸν πένητα>· οὐδ' ἕτερον γὰρ οὔθ' αἱρετὸν οὔτ' ἀποδοκιμαστέον διὰ τὴν τύχην, ἀλλ' ἐλεγκτέον διὰ τὸν τρόπον. (1.20) ο<ὐ>δὲ πλούσιος ἀγαθὸς ὢν τοσούτῳ διοίσει τοῦ γενναίου πένητος, ὅσον αἱ ἐπάργυροι καὶ κατάχρυσοι πανοπλίαι τῶν καταχάλκων καὶ σιδηρῶν – αἱ μὲν γὰρ τῷ κόσμῳ πλεονεκτοῦσιν, αἱ δ' αὐτῷ τῷ δραστηρίῳ διαγωνίζονται –, εἴ γε μὴ χρηματιστὴς εἴη· τὸν δὲ χρηματιστή<ν>, οὐδ' ἂν πλουσιώτατος ὢν τύχῃ, συμβουλεύσω ποτὲ αἱρεῖσθαι· λέγω δὲ ὀβολοστάτην, μετάβολον, ἔμπορον ἢ τοὺς παραπλήσιόν τι τούτοις πράττοντας· ἀνάγκη γὰρ τοὺς τοιούτους μικρόφρονας εἶναι καὶ περὶ τὸ κέρδος ἐπτοημένους καὶ μεμεριμνημένους περὶ τὸν πορισμὸν τῶν χρημάτων ὅλως μηδὲν ἐσχηκέναι τῶν καλῶν ἐπιτηδευμάτων.

‣ (1.17) ein Mann von gutem Ruf, weil bei ruhmlosen die ihnen unterstellte Masse unruhig wird; niemand unterwirft sich ja freiwillig einem Herrn oder einem Kommandanten, der schlechter ist als er selbst. (1.18) Es ist also zwingend notwendig, dass er von dieser Art ist und über so viele Vorzüge seiner Seele verfügt, wie ich gesagt habe, und eben auch einen guten Ruf hat.

(1.19) Ich sage, dass der Reiche, wenn er sonst nichts kann, nicht wegen seines Vermögens zum *Strategos* werden darf. Ebenso wenig darf ein Armer, wenn er gut ist, wegen seiner Bedürftigkeit abgelehnt werden. Es ist nicht notwendig, dass der *Strategos* arm oder reich ist; vielmehr kann man den Reichen oder den Armen wählen. Keinen von beiden darf man wegen seines Schicksals wählen oder ablehnen, sondern muss ihn nach seinem Charakter prüfen. (1.20) Ebenso wenig übertrifft der Reiche, der gut ist, den edlen Armen um so viel, wie vergoldete und versilberte volle Rüstungen die aus Bronze und Eisen übertreffen – die ersteren haben den Vorteil in der Verzierung, die letzteren aber kämpfen mit derselben Wirksamkeit –, solange er kein Mann ist, der Geldgeschäfte tätigt. Einen, der Geldgeschäfte macht, selbst wenn er der Allerreichste wäre, werde ich nie empfehlen. Ich spreche von einem Wucherer, von einem Geschäftsmann oder von Leuten, die etwas Ähnliches wie dies tun; notwendigerweise sind Leute dieser Art kleinlich, auf Gewinn aus und stets darauf bedacht, an Geld zu kommen; sie haben so überhaupt keine der guten Gewohnheiten eines *Strategos* erworben.

(1.21) προγόνων δὲ λαμπρὰν ἀξίωσιν ἀγαπᾶν [*fol.* 201v] μὲν δεῖ προσοῦσαν, οὐ μὴν ἀποῦσαν ἐπιζητεῖν, οὐδὲ ταύτῃ τινὰς κρίνειν ἀξίους ἢ° μὴ τοῦ στρατηγεῖν, ἀλλ' ὥσπερ τὰ ζῷα ἀπὸ τῶν ἰδίων πράξεων ἐξετάζομεν, ὅπως εὐγενείας ἔχει, οὕτω χρὴ σκοπεῖν καὶ τὴν τῶν ἀνθρώπων εὐγένειαν. (1.22) καὶ γὰρ ἀ[ν]περίοπτον, τί τοῖς ἔμπροσθεν ἐπράχθη καλόν, ἐξετάζειν, οὐ τί ποιήσουσιν οἱ νῦν αἱρεθέντες· ὥσπερ τῶν πάλαι γεγονότων σώζειν ἡμᾶς δυναμένων, καὶ τὰ νῦν, ὡς° <τὰ> πρόσθεν, τηρησόν<των> θᾶττον ἐκείνων°. ἔτι δὲ πῶς οὐκ ἀπαίδευτον τοὺς μὲν στρατιώτας τοῖς ἀριστείοις τιμᾶν, οὐ τοὺς ἐκ πατέρων λαμπρῶν, ἀλλὰ τοὺς αὐτούς τι γενναῖον ἐργασαμένους, τοὺς δὲ στρατηγοὺς διὰ τοὺς προγόνους αἱρεῖσθαι, κἂν ὦσιν <ἄ>χρηστοι, μὴ διὰ τὴν σφῶν αὐτῶν ἀρετήν, κἂν μὴ γένει λαμπρύνωνται; (1.23) προσόντων μὲν δὴ τούτων ἐκείνοις εὐτυχὴς ὁ στρατηγός, ἀπόντων δ' ἐκείνων, κἂν παρῇ ταῦτα, ἄπρακτος. (1.24) ἐλπίσαι δ' ἄν τις τάχα καὶ ἀμείνους ἔσεσθαι στρατηγοὺς τοὺς οὐκ ἔχοντας ἐνσεμνύνεσθαι προγόνοις· οἱ μὲν γὰρ ἐπὶ πατράσι κυδαινόμενοι, κἂν ἐλλίπωσιν, οἰόμενοι τὴν ἐκ τῶν πρόσθεν εὔκλειάν σφισι φυλάττεσθαι πολλὰ καὶ ῥᾳθυμότερον διοικοῦσιν, οἷς δ' οὐδεμία προϋπάρχει δόξα προγόνων, οὗτοι τὴν ἐκ πατέρων ἐλάττωσιν ἐθέλοντες ἀναπληρῶσαι

(1.21) Besteht eine glänzende Wertschätzung von Vorfahren, wird man deren Vorhandensein begrüßen, doch, wenn sie fehlt, nicht vermissen. Auch sollen wir unser Urteil, ob jemand des *Strategos*-Amtes würdig ist oder nicht, keineswegs danach richten. Vielmehr sollen wir so, wie wir Tiere nach ihrem eigenen Tun einschätzen, ob es gute Veranlagungen gibt, auch die gute Veranlagung von Menschen betrachten. (1.22) Es ist ja nicht vorausschauend, zwar das zu prüfen, was an Gutem von den Vorfahren getan wurde, nicht aber das, was die jetzt Ausgewählten tun werden, als ob diese vor langer Zeit Gewesenen uns heute wie früher bewahren, ja sogar eher als diese hüten könnten! Wie wäre es da nicht dumm, Soldaten für tapfere Taten zu ehren – und zwar nicht die aus berühmten Familien, sondern diejenigen, die selbst eine edle Tat vollbracht haben –, aber *Strategoi* wegen ihrer Vorfahren auszuwählen, auch wenn sie selbst untauglich sind, nicht aber wegen ihres eigenen Wertes, auch wenn ihre Familien nicht glanzvoll sind? (1.23) Gibt es diese zusätzlich zu jenen, hat der *Strategos* Glück, fehlen jene, auch wenn diese vorhanden sind, ist er nutzlos. (1.24) Man könnte sogar erwarten, dass diejenigen, die nicht auf ihre Vorfahren stolz sein können, noch bessere *Strategoi* werden: Diejenigen, die in ihren Vorfahren verherrlicht werden, auch wenn sie selbst Versager sind, glauben ja, dass der Ruhm ihrer Familie für sie immer bewahrt bleibt, und sind daher oft als Verwalter zu unvorsichtig. Diejenigen aber, die keinen angestammten Ruhm haben, fangen an, den Mangel an Glanz ihrer Abstammung durch ihren eigenen Eifer wettzumachen,

τῇ σφετέρᾳ προθυμίᾳ φιλοκινδυνότερον ἐπὶ τὰς πράξεις ἁμιλλῶνται· (1.25) καὶ καθάπερ οἱ πενέστεροι τῶν εὐπορωτέρων ταλαιπωρότερον ἐπὶ τὴν τοῦ βίου κτῆσιν ὥρμηνται τὸ ἐλλεῖπον ἀναπληρῶσαι τῆς τύχης σπεύδοντες, οὕτως, οἷς μὴ πάρεστι κληρονομουμένῃ πατέρων ἀποχρήσασθαι δόξῃ, τὴν ἀρετὴν ἰδιόκτητον οἰκειώσασθαι προαιροῦνται.

(2.1) ζηλούσθω μὲν δὴ ἡμῖν ὁ στρατηγὸς ὁ ἀγαθὸς εὐγενὴς <καὶ> πλούσιος, μὴ ἀποδοκιμαζέσθω δὲ πένης μετὰ ἀρετῆς, εἰ καὶ μὴ ἀπὸ λαμπρῶν.
(2.2) αἱρεθεὶς δ' ὁ στρατηγὸς ἔστω χρηστός, εὐπροσήγορος, ἕτοιμος, ἀτάραχος, μὴ οὕτως ἐπιεικὴς ὥστε καταφρονεῖσθαι, μήτε φοβερὸς ὥστε μισεῖσθαι, ἵνα μήτε ταῖς χάρισιν ἐκλύσῃ τὸ στρατόπεδον μήτε τοῖς φόβοις ἀλλοτριώσῃ.
(2.3) λοχαγοὺς δὲ καθιστάτω καὶ ταξιάρχους καὶ χιλιάρχους, καὶ εἴ τινων ἄλλων ἡγεμόνων προσδεῖν αὐτῷ δόξαι, τοὺς εὐνουστάτους τῇ πατρίδι, πιστοτάτους, εὐρωστοτάτους, ἔνθεν δ' οὐδὲν ἂν κωλύοι καὶ τοὺς εὐπορωτάτους καὶ τοὺς εὐγενεστάτους·
(2.4) οὐ γάρ, ὡς ὀλίγους αἱρουμένους° στρατηγοὺς ἐκ τρόπου δοκιμάσαι ῥᾷον, κἂν ἀπῇ <ὁ τῶν> χρημάτων μετ' εὐγενείας ὄγκος, οὕτως που [*fol.* 202r] καὶ λοχαγῶν καὶ ταξιαρχῶν πλῆθος.

und sind daher risikofreudiger bei der Teilnahme an Unternehmungen. (1.25) So wie die Ärmeren duldsamer als die Wohlhabenden sind, wenn es um den Lebensunterhalt geht, und sich eilig aufmachen, den Mangel an Glück auszugleichen, so werden auch diejenigen, die an keinem Erbe der Vorfahren teilhaben können, es bevorzugen, ihre eigene Leistung zu beweisen und sich zu eigen zu machen.

(2.1) Anzustreben ist also für uns der *Strategos,* der gut ist, von edler Abstammung und wohlhabend; nicht aber geringgeschätzt werden darf der Arme mit Tugend, auch wenn er nicht aus einer glänzenden Familie stammt.
(2.2) Der ausgewählte *Strategos* muss tüchtig, zugänglich, (allzeit) bereit, ruhig und weder so nachsichtig sein, dass er verachtet wird, noch so einschüchternd, dass er gehasst wird, damit er weder aus Gefälligkeiten das Heer auflöst (disziplinlos werden lässt) noch durch Ängste entfremdet.
(2.3) Er muss Kommandanten von Reihen, Abteilungen und Tausendschaften einsetzen, ebenso andere Kommandanten, wie es ihm zuträglich scheint, und zwar solche, die besonders wohlgesonnen gegenüber dem Vaterland, besonders treu und besonders kräftig sind – obgleich auch nichts an den besonders Wohlhabenden und Wohlgeborenen hindert.
(2.4) Es ist ja keine Last so, wie man wenige *Strategoi* nach dem Charakter auch bei Fehlen von Geld und edler Abstammung recht leicht eingeschätzt hat, auch die Menge der Reihen- und Abteilungskommandanten einzuschätzen.

(2.5) ὅθεν τὸ μὲν εὐγενὲς ἐπὶ τούτων προκριτέον εἰς πρόχειρον ἐν ὀξεῖ καιρῷ δοκιμασίαν, τὸ δὲ ἐν εὐπορίᾳ, ἐπειδὴ ἀναλῶσαί τε καὶ δοῦναι στρατιώταις οἱ ἐκ περιουσίας δυνατοί, χορηγία δ' ἀπὸ τῶν ἡγουμένων ὀλίγη πρὸς τοὺς ὑποταττομένους εὐνούστερα παρασκευάζει τὰ πλήθη· καὶ ἀσφαλεῖς αἱ μειζόνων πίστεις πραγμάτων τοῖς περὶ πλειόνων κινδυνεύουσιν, εἰ μὴ πάνυ τὸ πιστόν, ὡς ἂν εἰ στρατηγοῖ τις, ἐκ τοῦ τρόπου παρέχοιτο.

(3.1) αἱρείσθω δὲ ἤτοι συνέδρους, οἳ μεθέξουσιν αὐτῷ πάσης βουλῆς καὶ κοινωνήσουσι γνώμης αὐτοῦ οἱ τούτου εἵνεκα ἀκολουθήσοντες, ἢ ἐξ αὐτῶν τῶν ἡγεμόνων τοὺς ἐντιμοτάτους μεταπεμπόμενος συνεδρευέτω, ὡς, ἅ γέ τις <ἂν> ἐννοήσῃ μὲν μόνος, <ὡς> τὰ αὑτοῦ, <οὐ> βεβαίως οἰκειοῦτα.
(3.2) γνώμη γὰρ ἡ μὲν ἀνεπικούρητος μονουμένη παπταίνει περὶ τὴν ἰδίαν εὕρεσιν, ἡ δὲ ὑπὸ τῶν πέλας ἐπιμαρτυρηθεῖσα πιστοῦται τὸ μὴ σφαλερόν.
(3.3) οὐ μὴν ἀλλὰ μήθ' οὕτως ἄστατος ἔστω τὴν διάνοιαν, ὡς αὐτὸν αὑτῷ πάμπαν ἀπιστεῖν, μήθ' οὕτως αὐθάδης, ὡς μή τι καὶ παρ' ἄλλῳ τοῦ παρ' αὑτῷ κρεῖττον οἴεσθαι νοηθῆναι· ἀνάγκη γὰρ τὸν τοιοῦτον ἢ πᾶσι° προσέχοντα

(2.5) Daher ist in einem kritischen Augenblick bei diesen die edle Abstammung bei der Auswahl zu bevorzugen, sonst aber der Wohlstand. Diejenigen nämlich, die über Vermögen verfügen, sind in der Lage, Geld für die Soldaten auszugeben und ihnen Geschenke zu machen. Selbst ein geringer persönlicher Aufwand seitens der Kommandanten zugunsten der Unterstellten macht die Menge wohlwollender. Ja, das Vertrauen auf größere Belohnungen ist verlässlich, wenn diese denjenigen gemacht werden, die mehr Risiken eingehen, wenn also das Vertrauen, über das ein *Strategos* verfügen muss, nicht allein auf seinem Charakter beruht.

(3.1) Man soll ein Gremium von Leuten auswählen, die an jeder Beratung teilnehmen und an den Entscheidungen teilhaben, und dafür entweder Männer um sich scharen, die das Heer eigens zu diesem Zweck begleiten, oder aus den Kommandanten die ehrwürdigsten in das Beratungsgremium kommen lassen, sodass, was einer allein sich ausgedacht hat, nur als seine Meinung und nicht sogleich als verbindlich angenommen wird.
(3.2) Die einsame Entscheidung eines Mannes, der von anderen darin nicht unterstützt wird, kann nicht weiter sehen als sein eigener Einfallsreichtum, aber das, was auch von den engen Ratgebern bezeugt wird, versichert gegen Fehler.
(3.3) Man darf nicht so unentschlossen sein, dass man sich selbst ganz misstraut, und auch nicht so selbstgewiss, dass man glaubt, niemand könne eine bessere Vorstellung haben als man selbst. Notwendigerweise wird ein solcher Mann entweder, weil er auf alle anderen und nie auf sich

καὶ μηδὲν αὐτῷ πολλὰ καὶ ἀσύμφορα πράττειν, ἢ μηδ' ὀλίγ<' ἄλλ>ων ἀκούοντα, πάντα δ' αὑτοῦ, πολλὰ καὶ <δεινὰ> διαμαρτάνειν.

(4.1) τὰς δ' ἀρχὰς τοῦ πολέμου μάλιστά φημι χρῆναι φρονίμως συνίστασθαι καὶ μετὰ τοῦ δικαίου πᾶσι φανερὸν γίγνεσθαι πολεμοῦντα· τότε γὰρ καὶ θεοὶ συναγωνισταὶ τοῖς στρατεύουσιν εὐμενεῖς καθίστανται, καὶ ἄνθρωποι προθυμότερον ἀντιτάττονται τοῖς δεινοῖς·

(4.2) εἰδότες γάρ, ὡς οὐκ ἄρχουσιν ἀλλ' ἀμύνονται, τὰς ψυχὰς ἀσυνειδήτους κακῶν ἔχοντες ἐντελῆ τὴν ἀνδρείαν εἰσφέρονται, ὡς, ὅσοι γε νομίζουσι νεμεσήσειν τὸ θεῖον ἐπὶ τῷ παρὰ τὸ δίκαιον ἐκφέρειν πόλεμον, αὐτῇ τῇ οἰήσει, κἂν μή τι δεινὸν ἀπὸ τῶν πολεμίων ἀπαντήσειν μέλλῃ°, προκατορρωδοῦσιν.

(4.3) διὰ τοῦτο δεῖ τὸν στρατηγόν, ὧν τε βούλεται τυχεῖν καὶ ὧν μὴ παραχωρῆσαι, λόγῳ καὶ πρεσβείαις προκαλεῖσθαι πρῶτον, ἵν' ἐν τῷ μὴ συγκαταβαίνειν τοῖς ἀξιουμένοις τοὺς ἐναντίους ἀνάγκῃ δοκῇ, καὶ μὴ προαιρέσει τὴν δύναμιν ἐξάγειν πολεμήσουσαν, ἐπιμαρτυράμενος τὸ θεῖον, ὡς οὔτε καταφρονῶν ὧν συμβαίνει τοὺς πολεμοῦντας πάσχειν, ἀνεμεσήτως ἔπεισιν, οὔτε ἐκ παντὸς τρόπου τὰ δεινὰ δρᾶσαι προῃρημένος τοὺς πολεμίους.

selbst achtet, häufigem Unglück begegnen, oder, weil er anderen nicht einmal ein wenig zuhört, sondern immer nur sich selbst, viele schreckliche Fehler machen.

(4.1) Die Anfänge des Krieges sind, wie ich glaube, mit größter Sorgfalt zu planen. Es soll allen deutlich sein, dass man auf der Seite der Gerechtigkeit kämpft. Dann werden ja Götter den Soldaten als wohlwollende Mitkämpfer beistehen und Menschen sich eifriger dem Schlachtbeginn stellen.
(4.2) Mit dem Wissen, dass sie nicht einen Angriffs-, sondern einen Verteidigungskrieg führen, halten sie nämlich ihre Seelen frei von Belastung durch Übel und bringen eine vollkommene Tapferkeit ein. Diejenigen, die einen ungerechten Krieg führen, glauben hingegen, der göttlichen Rache zu verfallen, und werden mit dieser Haltung, selbst wenn ihnen von den Feinden nichts Schreckliches passieren sollte, immer vorweg Furcht haben.
(4.3) Darum muss der *Strategos* zuerst durch eine Rede und durch Botschaften verkünden, was er erreichen will und was er nicht aufzugeben bereit ist, damit es bei einer Nichtzustimmung der Gegner zu den Forderungen so scheint, als führe er aus Notwendigkeit, nicht aus freien Stücken die Streitmacht in den Krieg. Er ruft dabei die Götter zu Zeugen, dass er nicht geringschätzt, was den Kriegführenden zustoßen kann, ohne Rachegedanken in den Krieg eintritt und nicht auf jede Weise den Schlachtbeginn gegen die Feinde zu tun gewählt hat.

(4.4) [*fol.* 202v] εἰδέναι δὲ χρή, καθότι οὐ μόνον οἰκίας καὶ τείχους ἑδραιότερον ὑφίστασθαι δεῖ τὸν θεμέλιον, ὡς ἀσθενοῦς γε ὄντος συγκαταρρυησομένων° καὶ τῶν ἐποικοδομουμένων, ἀλλὰ καὶ πολέμου[ν] τὰς ἀρχὰς δεῖ κατασκευασάμενον ἰσχυρῶς καὶ κρηπῖδα περιθέμενον ἀσφαλείας, οὕτως ἐξάγειν τὰς δυνάμεις· ὧν γὰρ ἀσθενῆ τὰ πράγματά ἐστιν, ἐπειδὰν οὗτοι μέγα βάρος ἀναλάβωσιν πολέμου, ταχὺ θλίβονται καὶ ὑστεροῦσιν.
(4.5) ὅθεν, ὥσπερ ἀγαθὸν κυβερνήτην ἐκ λιμένος ἐξαρτυσάμενον τὸ σκάφος καὶ τὰ παρ' αὐτῷ° ἅπαντα ποιήσαντα, τότ' ἐπιτρέπειν χρὴ τῇ τύχῃ, ὡς αἴσχιστόν γε καὶ σφαλερὸν ὑποδείξαντα πολέμου κίνησιν, ὥστε καὶ διὰ θαλάττης ἤδη καὶ διὰ γῆς ἄγειν τὸ στράτευμα, κἄπειτα πρύμναν κρούεσθαι·
(4.6) τῆς μὲν γὰρ ἀνοίας καὶ προπετείας ἕκαστος κατεγέλασεν, τῆς δ' ἀσθενείας κατεφρόνησεν°, οἱ δ' ἐχθροί, οἵτινές ποτ' ἂν ὦσιν, κἂν μὴ πάθωσιν, ὡς οὐχὶ μὴ βουληθέντας ἀλλ' οὐ δυνηθέντας διαθεῖναί τι δικαίως ἐμίσησαν.

(5.1) ἐξαγέτω δὲ τὰς δυνάμεις ὁ στρατηγὸς καθαρὰς ἢ οἷς νόμοι ἱεροὶ ἢ οἷς μάντεις ὑφηγοῦνται καθαρσίοις, πᾶσαν, εἴ τις ἢ δημοσίᾳ κηλὶς ἢ ἰδίου° μολύσματος ἑκάστῳ σύνεστιν, ἀποδιοπομπούμενος.

(4.4) Man muss wissen, dass nicht nur für Häuser und Mauern das Fundament recht fest stehen muss – wenn es schwach ist, werden ja auch die Aufbauten zusammenbrechen –, sondern auch im Krieg die Anfänge fest gegründet sein müssen und die Basis für Sicherheit gelegt sein muss. So soll man dann die Streitkräfte hinausführen. Die, deren Dinge schwach sind, werden, wenn sie die große Last eines Krieges auf sich nehmen, rasch zermalmt werden und scheitern.
(4.5) Wie ein guter Steuermann sein Schiff erst dann, wenn er das Schiff hergerichtet und alles, was an ihm liegt, getan hat, aus dem Hafen holen und dem Schicksal überlassen darf, so ist es beschämend und gefährlich, wenn man den Kriegsbeginn angezeigt und das Heer schon über Meer und Land geführt hat, dann wieder kehrtzumachen.
(4.6) Über die Torheit und Übereile hat ja jeder gelacht und die Schwäche verachtet, die Gegner aber – wer immer sie sein mögen – haben, auch wenn sie keinen Schaden erleiden mussten, einen guten Grund, die Eindringlinge als Männer zu hassen, denen zwar nicht der Wille gefehlt hat, aber die Fähigkeit, eine Sache gerecht durchzusetzen.

(5.1) Herausführen soll der *Strategos* seine Streitkräfte, wenn sie (religiös) rein oder durch heilige Riten oder Seher gereinigt worden sind, und zwar muss die ganze Streitkraft – gleich, ob sie insgesamt oder durch eine einzelne Unreinheit befleckt worden ist – als Aufgabe von jedem durch Sühneopfer rein gemacht werden.

(6.1) ἀγέτω δὲ τὸ στράτευμα πᾶν ἐν τάξει, κἂν μήπω μέλλῃ συμβάλλειν, ἀλλὰ διὰ μακρᾶς ὁδοῦ περαιοῦσθαι καὶ πολλῶν ἡμερῶν ἀνύειν πορείαν, καὶ ἐν τῇ φιλίᾳ καὶ <ἐν τῇ> πολεμίᾳ· διὰ μὲν τῆς φιλίας, ἵνα ἐθίζηται τὰ στρατεύματα μένειν ἐν τάξει καὶ συμφυλάττειν τοὺς ἰδίους λόχους καὶ ἕπεσθαι τοῖς ἡγεμόσιν, διὰ δὲ τῆς πολεμίας πρὸς τὰς ἐξαίφνης ἐπιβουλὰς γιγνομένας, ἵνα μὴ ἐν ὀξεῖ καιρῷ θορυβούμενοι καὶ ἐπαναθέοντες καὶ ἄλλοι πρὸς ἄλλους φερόμενοι μηδὲν μὲν ἀνύσωσι φθασθέντες, πολλὰ δὲ καὶ δεινὰ πάθωσιν, ἀλλ' ἅμα καὶ εἰς πορείαν ὦσιν ἐπιδέξιοι καὶ εἰς μάχην εὐτρεπεῖς, ἔχοντες καὶ τὸ σύνθημα καὶ ἀλλήλους ἐν τάξει βλέποντες°.
(6.2) συστέλλειν δὲ πειράσθω τὴν πορείαν τοῦ στρατεύματος, ὡς ἔνι μάλιστα, πρὸς ὀλίγον, καὶ διὰ τοιούτων, ἂν δυνατὸν ᾖ, χωρίων ἀγέτω τὰς τάξεις, δι' ὧν οὐκ ἂν ἐκθλιβόμεναι στεναὶ καὶ οὐκ ἔχουσαι πλάτος ἐκ πλευρᾶς ἐπὶ μήκιστον ἐκταθεῖεν·
(6.3) καὶ γὰρ εὐπαθέστεραι γίγνονται πρὸς τὰς αἰφνιδίους τῶν πολεμίων ἐπιφανείας αἱ τοιαῦται καὶ ἥκιστα δραστήριοι· ἄν τε γάρ σφισι κατὰ μέτωπον ὑπαντήσωσιν οἱ πολέμιοι πλατύτεροι τεταγμένοι, ῥᾳδίως αὐτοὺς τρέπονται, [*fol.* 203r] καθάπερ οἱ τοὺς ἐπὶ κέρως ὄντας ἐν ταῖς μάχαις κυκλούμενοι, ἄν τε κατὰ μέσην τὴν δύναμιν ἐκ πλευρᾶς ἐπιβάλωσι, ταχὺ διέσπασαν αὐτῶν τὴν πορείαν καὶ διέκοψαν – ἐπιστρεψάντων γὰρ αὐτῶν εἰς φάλαγγα πρὸς ἄμυναν ἀσθενὴς ἡ

VERLAGSHAUS RÖMERWEG. DAS DACH DER SCHÖNEN BÜCHER

Diese Karte entnahm ich dem Buch:

....

- ☐ Bitte senden Sie mir Ihr Büchermagazin.
- ☐ Bitte informieren Sie mich über Ihre Neuerscheinungen.
- ☐ Ja, ich möchte Ihren Newsletter erhalten.

Alle Informationen unter
www.verlagshausroemerweg.de

Für Ihre schnelle Anfrage:
info@verlagshausroemerweg.de

Absender

Name, Vorname

Straße, Nr.

Plz, Ort

Telefonnummer*

Faxnummer*

E-Mail*

Unterschrift

* freiwillige Angabe

Bitte
ausreichend
frankieren

Rückantwort

Verlagshaus Römerweg GmbH
Römerweg 10
D-65187 Wiesbaden

(6.1) Der *Strategos* muss das ganze Heer in Formation führen, auch wenn er noch keine Schlacht schlagen will, sondern erst eine lange Wegstrecke bewältigen und viele Tage durch freundliches oder feindliches Land marschieren muss: durch freundliches Land, damit die Soldaten sich daran gewöhnen, in der Formation zu bleiben, Reih und Glied zu bewahren und ihren Kommandanten zu folgen, und durch feindliches, damit sie bei plötzlichen Angriffen aus dem Hinterhalt nicht in einem kritischen Augenblick in Unordnung geraten, gegeneinander laufen, straucheln, so nichts leisten und viel Schreckliches erleiden. Vielmehr müssen sie zugleich auf dem Marsch erfolgreich und zur Schlacht vorbereitet sein, die Losung (s. u. 26.1) behalten und einander in der Formation sehen.
(6.2) Man muss versuchen, die Ordnung des Heeres auf dem Marsch so kompakt wie möglich zu machen und die Formationen, wenn möglich, durch Gebiete von der Art zu führen, dass sie nicht durch sie eng zusammengedrängt werden und, in großer Länge aufgestellt, von der Seite gesehen keine Tiefe mehr haben.
(6.3) Solche Formationen werden nämlich beim plötzlichen Erscheinen der Feinde leicht angreifbar und sind am wenigsten wirksam: Wenn die Feinde ihnen (vorne) an der Stirn mit einer recht ausgedehnten Front begegnen, können sie jene so leicht zur Flucht bringen wie diejenigen, die bei Schlachten die an den Flügeln (»Hörnern« des Heeres) Aufgestellten umzingeln. Wenn sie die Streitkraft in der Mitte (seitlich) angreifen, können sie ihren Marsch rasch durchbrechen und durchschlagen – wenn sie auf die Phalanx stoßen, wird deren Kampf zur Abwehr ja schwach sein und

μάχη γίνεται καὶ οὐκ ἔχουσα βάθος – ἐάν τε τοῖς κατόπιν, ἡ κατὰ νώτου μάχη δεινὴ καὶ προφανῆ τὸν ὄλεθρον ἔχουσα [βάθος], κἂν ἐπιστρέψαι δὲ τολμήσωσιν εἰς μέτωπον, ἡ αὐτὴ γίγνεται μάχη τοῖς ἐν τῇ πρωτοπορείᾳ τεταγμένοις· ταχὺ γὰρ αὐτοὺς περιστήσονται.

(6.4) συμβαίνει δὲ καὶ τὰς παραβοηθείας δυσχερεῖς καὶ ἀπράκτους γίνεσθαι· τῶν γὰρ ἀπὸ τῆς οὐραγίας τοῖς εἰς τὴν πρωτοπορείαν βουλομένων βοηθεῖν ἢ τῶν πρώτων τοῖς κατόπιν βραδεῖα ἡ ἄφιξις καὶ οὐ κατὰ καιρὸν γίγνεται, διὰ πολλῶν, ὧν ὑστεροῦσιν ἢ προηγοῦνται, σταδίων ἰέναι προθυμουμένων.

(6.5) ἡ δὲ συνεσταλμένη πορεία καὶ τετράγωνος ἡ μὴ πάνυ παραμήκης εἰς πάντα καιρὸν° εὐμεταχείριστός ἐστι καὶ ἀσφαλής. ἔστι δ' ὅτε <καὶ> [τι] συνέβη τι τοιοῦτον° ἐκ τῶν ἐκτεινομένων στρατευμάτων, ὥστε Πανικὰ καὶ πτοίας ἀμφιδόξους ἐμπίπτειν· ἐνίοτε γὰρ οἱ πρῶτοι καταβεβηκότες ἐξ ὀρεινῶν εἰς ψιλὰ καὶ ἐπίπεδα χωρία θεασάμενοι τοὺς κατόπιν ἐπικαταβαίνοντας ἔδοξαν εἶναι πολεμίων ἔφοδον, ὥστε μελλῆσαι προσβάλλειν ὡς ἐχθροῖς, τινὰς δὲ καὶ εἰς χεῖρας ἐλθεῖν ἤδη.

(6.6) λαμβανέτω δὲ τὴν θεραπείαν καὶ τὰ ὑποζύγια καὶ τὴν ἀποσκευὴν ἅπασαν ἐν μέσῃ τῇ δυνάμει <καὶ μὴ> χωρίς· ἂν <δὲ> μὴ τὰ κατόπιν ἀσφαλῆ πάνυ° καὶ εἰρηναῖα νομίζῃ, [εἰ δὲ μὴ] καὶ τὴν οὐραγίαν ἐκ τῶν ἐρρωμενεστάτων καὶ

keine Tiefe haben. Wenn sie aber (hinten) vom Rücken her angreifen, wird die Schlacht schrecklich und der Untergang offensichtlich sein, und wenn sie es wagen, sich umzuwenden und die Stirn zu bieten, wird die Schlacht dieselbe sein wie beim Angriff auf die Vorhut: Rasch werden (die Feinde) sie umstellen.

(6.4) Dazu kommt, dass auch Hilfeleistungen schwierig und unpraktikabel werden. Wenn nämlich die am Schwanz (Ende der Formation) denen, die vorangehen, helfen wollen oder die vorne denen hinten, wird die Ankunft verzögert und nicht rechtzeitig geschehen, weil sie dafür – gleich, ob sie nach hinten oder vorne müssen – über viele *Stadia* (s. o. S. 14) Entfernung zu gehen vorhaben.

(6.5) Eine Marsch-Formation, die kompakt und quadratisch, also nicht ganz länglich ausgestreckt ist, lässt sich zu jeder Zeit einfach und sicher handhaben. Es ist nämlich schon vorgekommen, dass aus stark ausgedehnten Heeren Panik und Besorgnis durch Ungewissheit hervorgingen; ja, manchmal haben die Ersten, die aus Bergen in kahle und ebene Gebiete abgestiegen sind, diejenigen, die hinter ihnen liefen, gesehen und für eine Angriffsgruppe von Feinden gehalten, sodass sie jene als Gegner angreifen und manche sogar zu einem Handgemenge schreiten wollten.

(6.6) Man muss die Diener, die Tiere und den ganzen Tross in die Mitte der Streitkraft stellen, nicht gesondert; wenn man nämlich die Gegend hinten nicht für völlig sicher und friedlich hält, sollen die Kommandanten am Schwanz (s. o. 6.4) aus den kräftigsten und mutigsten Soldaten zu-

ἀνδρειοτάτων συνιστάσθω, μηθὲν διαφέρειν αὐτὴν οἰόμενος πρὸς τὰ συμβαίνοντα τῆς πρωτοπορείας.
(6.7) προπεμπέτω δὲ ἱππεῖς τοὺς διερευνησομένους τὰς ὁδούς, καὶ μάλισθ', ὅτ' ἂν ὑλώδεις καὶ περικεκλασμένας λόφοις ἐρημίας διεξίῃ· πολλάκις γὰρ ἐνέδραι πολεμίων ὑποκαθέζονται, καὶ λαθοῦσαι μὲν ἔστιν ὅτε τὰ ὅλα συνέτριψαν τῶν ἐναντίων πράγματα, μὴ λαθοῦσαι δὲ διὰ μικρᾶς φροντίδος φρόνησιν μεγάλην ἐμαρτύρησαν τῷ πολεμίῳ στρατηγῷ.
(6.8) τὴν μὲν γὰρ πεδιάδα καὶ ψιλὴν ἡ πάντων ὄψις ἱκανὴ προερευνήσασθαι· καὶ γὰρ κονιορτὸς ἀναφερόμενος μεθ' ἡμέραν ἐμήνυσεν τὴν τῶν πολεμίων ἔφοδον, καὶ πυρὰ καιόμενα νύκτωρ ἐπύρσευσεν τὴν ἐγγὺς στρατοπεδείαν.
(6.9) ἀγέτω δὲ° τὰς δυνάμεις, μὴ μέλλων μὲν ἐκτάξειν τάξειν [*fol.* 203v] εἰς μάχην, ἐὰν ἐπείγηταί τι φθάνειν συντομώτερον, εἰ ἀσφαλὲς εἶναι νομίζοι, καὶ νύκτωρ· μέλλων δὲ κρίνειν ἅμα τῷ σύνοπτον° γενέσθαι τοῖς πολεμίοις εὐθὺς τὰ πράγματα διὰ μάχης σχολῇ προΐτω καὶ μὴ πολλὴν <πορείαν> ἀνυέτω· πολλάκις γὰρ πρὸ τῶν κινδύνων ὁ κόπος ἐδαπάνησεν τὴν ἀκμὴν τῶν σωμάτων.
(6.10) διοδεύων δὲ συμμαχίδα γῆν παραγγελλέτω τοῖς στρατεύμασιν ἀπέχεσθαι τῆς χώρας, καὶ μήτ' ἄγειν τι μήτε φθείρειν· ἀφειδὲς γὰρ πλῆθος

sammengestellt werden, sodass man meint, jene unterschieden sich in nichts von denen, die in der Vorhut marschieren.

(6.7) Man muss die Reiterei zur Erkundung der Wege vorausschicken, besonders wenn man durch bewaldete und durch von Hügeln verstellte einsame Gebiete geht. Oft werden ja Hinterhalte von Feinden gelegt, und wenn diese (unseren Spähern) verborgen bleiben, geschieht es, dass sie die ganzen Dinge ihrer Gegner aufreiben, wenn sie aber nicht verborgen bleiben, dass durch diese kleine vorausschauende Überlegung dem feindlichen *Strategos* ein Beleg für (unsere) große Klugheit gegeben wird.

(6.8) In einem ebenen und baumlosen Gebiet genügte nämlich ein allgemeines Ausschauhalten als Vorerkundung: Eine Staubwolke kündigte ja am Tag die Annäherung des Feindes an; brennende Feuer erhellten in der Nacht ein nahe gelegenes Lager.

(6.9) Man soll die Streitkräfte – sofern man nicht gerade eine Schlachtlinie bilden will, sondern sich beeilt, als erster zu einem bestimmten Punkt zu kommen – auch nachts marschieren lassen, vorausgesetzt, man hält dies für sicher. Wenn man aber die Dinge durch eine Schlacht entscheiden will, soll man, sobald der Feind in Sicht kommt, langsam vorrücken und nicht versuchen, zu weit zu marschieren. Oft schon hat nämlich Erschöpfung die körperliche Leistungsfähigkeit gemindert.

(6.10) Wenn man das Land von Verbündeten durchquert, muss man den Heeren befehlen, das Land nicht zu behelligen und nichts zu plündern; jede Masse unter Waffen ist ja rücksichts-

ἅπαν ἐν ὅπλοις, ὅτ' ἂν ἔχῃ τὴν τοῦ δύνασθαί τι ποιεῖν ἐξουσίαν, καὶ ἡ ἐγγὺς ὄψις ἀγαθῶν δελεάζει τοὺς ἀλογίστους ἐπὶ πλεονεξίαν· μικραὶ° δὲ προφάσεις ἢ ἀπηλλοτρίωσαν συμμάχους ἢ καὶ παντελῶς ἐξεπολέμωσαν.

(6.11) τὴν δὲ τῶν πολεμίων φθειρέτω καὶ καιέτω καὶ τεμνέσθω· ζημία γὰρ χρημάτων καὶ καρπῶν ἔνδεια μειοῖ πόλεμον, ὡς περιουσία τρέφει. προ[σ]ανατεινέσθω μέντοι πρῶτον, ὃ μέλλει ποιεῖν· πολλάκις γὰρ ἡ τοῦ μέλλοντος ἔσεσθαι δεινοῦ προσδοκία συνηνάγκασε, πρὶν ἢ παθεῖν, ὑποσχέσθαι τι τοὺς κινδυνεύοντας ὧν πρότερον οὐκ ἐβουλήθησαν ποιεῖν· ἐπειδὰν δ' ἅπαξ πάθωσιν, ὡς οὐδὲν ἔτι χεῖρον ὀψόμενοι τῶν λοιπῶν καταφρονοῦσιν.

(6.12) εἰ δὲ πολὺν ἐν τῇ πολεμίᾳ μέλλει καταστρατοπεδεύειν χρόνον, τοσαῦτα καὶ τοιαῦτα φθειρέτω τῆς χώρας ὧν αὐτὸς οὐχ ἕξει χρείαν, ἅττα δὲ ἀναγκαῖα° φυλαχθέντα τοῖς φιλίοις ἔσται, τούτων φειδέσθω°.

(6.13) τῶν δὲ δυνάμεων ἐκπεπληρωμένων μήτ' ἐπὶ τῆς ἰδιοκτήτου μήτ' ἐπὶ τῆς ὑπηκόου μήτ' ἐπὶ τῆς συμμαχίδος καθεζόμενος ἐγχρονιζέτω χώρας· τοὺς γὰρ ἰδίους ἀναλώσει καρποὺς καὶ ζημιώσει πλέον τοὺς φίλους ἢ τοὺς πολεμίους· μεταγέτω δ' ὡς θᾶττον, ἐὰν ἀκίνδυνα ᾖ τὰ οἴκοι, τὰς δυνάμεις· ἐκ γὰρ τῆς πολεμίας, εἰ μὲν εἴη δαψιλὴς καὶ εὐδαίμων, τροφὴν ἕξει καὶ ἄφθονον, εἰ δὲ μή, τήν γε φιλίαν οὐ λυμανεῖται, πολλὰ δ' ὅμως καὶ ἀπὸ λυπρᾶς° τῆς ἀλλοτρίας ἕξει πλεονεκτήματα.

los, wenn sie die Möglichkeit hat, Macht auszuüben, und der nahe Anblick von Gütern verführt die Unvernünftigen zur Habgier; kleine Vorfälle haben aber schon Bündner entfremdet oder gar zum Krieg gereizt.

(6.11) Das Land der Feinde aber soll man ruinieren, verbrennen und verwüsten. Geldverlust und Getreidemangel mindern ja den Krieg, so wie Fülle ihn nährt. Zuerst aber soll man wissen lassen, was man zu tun beabsichtigt. Oft schon hat nämlich die Erwartung des drohenden Schrecklichen die Gefährdeten dazu gezwungen, bevor sie etwas erleiden, etwas zuzugestehen, was sie vorher nicht tun wollten. Wenn sie aber einmal gelitten haben, schätzen sie in dem Glauben, nichts könne schlimmer sein, das Übrige gering ein.

(6.12) Wenn man im Feindesgebiet für einige Zeit lagern will, darf man nur so viele und solche Dinge des Landes zerstören, wie man selbst nicht brauchen wird. Was immer für die eigenen Leute notwendig und zu bewahren ist, soll man schonen.

(6.13) Wenn die Streitkräfte aufgefüllt worden sind, darf man sich nicht im eigenen Gebiet und nicht in dem von Unterworfenen oder Verbündeten niederlassen und lange verweilen, denn man wird so die eigenen Vorräte verbrauchen und den Freunden mehr Schaden zufügen als den Feinden. Vielmehr soll man die Streitkräfte so schnell wie möglich herausführen, wenn die Dinge zu Hause ungefährdet sind. Aus dem Feindesgebiet wird man, wenn es fruchtbar und wohlhabend ist, reichlich Proviant haben, wenn es aber nicht so ist, zumindest kein freundliches Land schädigen und zudem aus der Not des Fremdgebiets großen Vorteil ziehen.

(6.14) φροντιζέτω δὲ περί τε ἀγορᾶς καὶ τῆς τῶν ἐμπόρων καὶ κατὰ γῆν καὶ [ἢ] κατὰ θάλατταν [ἢ] παραπομπῆς, ἵν' ἀκινδύνου τῆς παρουσίας σφίσιν οὔσης ἀόκνως παρακομίζωσι τὸν εἰς τὰ ἐπιτήδεια φόρτον.

(7.1) ἐπειδὰν δὲ ἤτοι διὰ στενῶν μέλλῃ° ποιεῖσθαι τὴν πάροδον ἢ δι' ὀρεινῆς καὶ δυσβάτου χώρας ἄγειν τὸν στρατόν, ἀναγκαῖον προεκπέμποντά τι μέρος τῆς δυνάμεως προκαταλαμβάνεσθαι τάς τε ὑπερβολὰς καὶ τὰς τῶν στενῶν παρόδους, μὴ φθάσαντες οἱ πολέμιοι καὶ καταστάντες ἐπὶ τῶν ἄκρων κωλύσωσι τὴν διεκβολὴν ποιεῖσθαι.
(7.2) [*fol.* 204r] τὸ δ' αὐτὸ πεφροντίσθω, κἂν αὐτὸς δεδίῃ πολεμίων εἰσβολήν· οὐ γὰρ δὴ δρᾶσαι μὲν χρήσιμον, φυλάξασθαι δὲ παθεῖν οὐκ ἀναγκαῖον, οὐδὲ φθάσαι μὲν αὐτοὺς εἰσβαλόντας εἰς τὴν πολεμίαν ἐπεῖγον, ἀποκλεῖσαι δὲ° τοὺς ἐναντίους ἐπὶ σφᾶς ἰόντας οὐ προνοητέον.

(8.1) ἐν δὲ δὴ τῇ τῶν ἐχθρῶν καταστρατοπεδεύ[οντ]ων χάρακα περιβαλέσθω καὶ τάφρον, κἂν ἐφ' ἡμέραν μέλλῃ τὴν παρεμβολὴν θήσειν· ἀμετανόητος γὰρ ἡ τοιαύτη καὶ ἀσφαλὴς στρατοπεδεία διὰ τὰς αἰφνιδίους καὶ ἀπρολήπτους ἐπιβολάς. καθιστάτω δὲ φύλακας, κἂν μακρὰν εἶναι νομίζῃ τοὺς πολεμίους, ὡς ἐγγὺς ὄντων.
(8.2) ὅποι δ' ἂν μέλλῃ° πολυχρόνιον τίθεσθαι τὴν παρεμβολὴν οὐκ ἀντεπιόντων τῶν πολεμίων, ἐπὶ τῷ φθείρειν τὴν χώραν ποιούμενος τὴν μονὴν ἢ καὶ καιροῖς ἐφεδρεύ[οντ]ων βελτίοσιν,

(6.14) Man soll an die Märkte, die Händler und die Transporte zu Land und zu Wasser denken, damit sie, wenn ihre Anwesenheit ungefährdet ist, ohne Zögern ihre Waren zur Versorgung liefern.

(7.1) Immer wenn man den Weg durch eine Landenge nehmen oder das Heer durch Gebirge und unwegsames Gelände führen will, ist es notwendig, einen Teil der Streitkraft vorauszuschicken, um die Gebirgspässe und die Wege durch die Engen vorab zu besetzen, damit die Feinde sich nicht als erste auf die Gipfel stellen und den Durchmarsch verhindern.
(7.2) Daran aber soll man gedacht haben, auch wenn man selbst einen Angriff von Feinden befürchtet. Es ist ja nicht vorteilhaft, nur die Initiative zu ergreifen, ohne nötige Vorkehrungen gegen Verluste zu treffen, oder als erster in das Feindesland einzufallen, ohne Maßnahmen zu ergreifen, die verhindern, dass die Gegner gegen das eigene Land marschieren.

(8.1) Wenn man im Gebiet der Gegner ein Lager aufschlagen will, soll man Palisade und Graben errichten, selbst wenn man das Lager nur für einen Tag beziehen will. Nicht bereuen wird man ein solches Lager und sicher sein wird es vor plötzlichen und unvorhergesehenen Angriffen. Aufstellen soll man Wächter, auch wenn man die Feinde für weit entfernt hält, so als ob sie nahe wären.
(8.2) Wenn man, ohne dass die Feinde angreifen, die Befestigung für einige Zeit einrichten will, entweder um das Land zu verwüsten oder um auf eine bessere Zeit für die Schlacht zu warten, muss

ἐκλεγέσθω χωρία μὴ ἑλώδη μηδὲ νοτερά·° τὰ γὰρ τοιαῦτα ταῖς ἀναφοραῖς καὶ ταῖς ἀπὸ τῶν τόπων δυσωδίαις νόσους καὶ λοιμοὺς ἐμβάλλει στρατεύμασι, καὶ πολλῶν μὲν ἐκάκωσε τὰς εὐεξίας, πολλοὺς δὲ ἀπώλεσεν, ὥστε μὴ μόνον ὀλίγον, ἀλλὰ καὶ ἀσθενὲς ἀπολείπεσθαι στράτευμα.

(9.1) χρήσιμον δέ που καὶ σωτήριον στρατοπέδῳ μηδ’ ἐπὶ τῆς αὐτῆς μένειν παρεμβολῆς, ἐὰν μὴ χειμαδεύῃ καὶ τοῖς σκηνώμασι διὰ τὴν ὥραν τοῦ καιροῦ πεπολισμένη τυγχάνῃ· αἱ γὰρ τῶν ἀναγκαίων ἐκκρίσεις ἐπὶ τῶν αὐτῶν γιγνόμεναι° χωρίων ἀτμοὺς διεφθορότας ἀναπέμπουσαι συμμεταβάλλουσιν καὶ τὴν τοῦ περιέχοντος ἀέρος χύσιν.
(9.2) ἐν δὲ ταῖς χειμασίαις° γυμναζέτω τὰ στρατόπεδα καὶ πολεμικὰ καὶ σύντροφα ποιείσθω τοῖς δεινοῖς, μήτ’ ἀργεῖν ἐῶν μήτε ῥᾳθυμεῖν· ἡ μὲν γὰρ ἀργία τὰ σώματα μαλθακὰ καὶ ἀσθενῆ κατεσκεύασεν, ἡ δὲ ῥᾳθυμία τὰς ψυχὰς ἀνάνδρους καὶ δειλὰς ἐποίησεν· αἱ γὰρ ἡδοναὶ δελεάζουσαι τῷ καθ’ ἡμέραν συνήθει τὰς ἐπιθυμίας διαφθείρουσι καὶ τὸν εὐτολμότατον.
(9.3) ὅθεν οὐ μακρὰν ἀπάγειν τοὺς ἄνδρας τῶν πόνων· ἐπειδὰν γὰρ μετὰ χρόνον ἀναγκάζωνται πρὸς τὰ πολεμικὰ χωρεῖν, οὔθ’ ἡδέως ἐξίασιν οὔτ’ ἐπὶ πολὺ μένουσιν, ἀλλ’ ἐκδεδιῃτημένοι ταχὺ μὲν ὀρρωδοῦσι, πρὶν ἢ καὶ πειρᾶσαι τὰ δεινά, ταχὺ δὲ καὶ πειράσαντες ἀποχωροῦσιν, οὔτ’ ἐλπίζειν οὔτε φέρειν τοὺς κινδύνους δυνάμενοι.

man ein Gebiet wählen, das nicht sumpfig und feucht ist. Solche Plätze bringen nämlich durch ihre aufsteigenden Dünste und den Gestank der Orte Krankheiten und Infektionen in die Heere. Bei vielen haben sie schon die Gesundheit verschlechtert, viele auch umgebracht, sodass ein Heer nicht nur klein, sondern auch schwach zurückblieb.

(9.1) Nützlich und gesund ist es für ein Heer auch nicht, lange in derselben Befestigung zu bleiben, wenn nicht gerade Winter ist und man wegen der Jahreszeit in den Zelten wohnen muss. Die notwendigen körperlichen Ausscheidungen werden ja, wenn sie immer an denselben Plätzen geschehen, schädliche Dämpfe aufsteigen lassen und den Luftzug in der Umgebung belasten.
(9.2) Im Winterlager soll man die Heere üben und für Krieg und Gewöhnung an den Schlachtbeginn schulen, nicht aber Müßiggang und Leichtsinn zulassen. Müßiggang hat schon immer die Körper weich und schwach gemacht, Leichtsinn die Seelen unmännlich und feige. Die Vergnügungen nämlich, die durch die tägliche Gewohnheit die Begierden wecken, verderben selbst den mutigsten Mann.
(9.3) Daher dürfen die Soldaten niemals lange ohne Aufgabe sein, denn wenn sie nach einiger Zeit gezwungen sind, in den Kampf zu ziehen, gehen sie nicht gerne los und bleiben auch nicht lange, sondern werden aufgrund ihrer Lebensweise rasch erschreckt, bevor sie noch den Schlachtbeginn versuchen. Wenn sie sich ihm aber stellen, werden sie rasch wieder fortlaufen, weil sie weder (auf Erfolg) hoffen noch die Gefahren ertragen können.

(10.1) διόπερ ἀγαθοῦ στρατηγοῦ καὶ τὰ χρήσιμα τότε κατασκευάζειν, ὅτ' οὐκ ἐπείγουσιν αἱ τῶν ἐκ παρατάξεως ἀγώνων ἀνάγκαι, καὶ τὰ ἄχρηστα διὰ τὴν τῶν σωμάτων ἄσκησιν [*fol.* 204v] ἐπιτάττειν. ἱκανὴ γὰρ στρατοπέδοις ἄνεσις, κἂν σφόδρα ταλαίπωροι ὦσιν, ἡ μὴ διὰ τῶν δεινῶν εἰς τὸ ἀληθινὸν ἀγώνισμα πεῖρα. γυμναζέτω δὲ τοιοῖσδέ τισι τρόποις·
(10.2) ἐκταττέτω πρῶτον ἀναδοὺς τὰ ὅπλα πᾶσιν, ἵν' ἐν μελέτῃ σφίσιν ᾖ τὸ μένειν ἐν τάξει, καὶ ταῖς ὄψεσι καὶ τοῖς ὀνόμασι συνήθεις ἀλλήλοις γιγνόμενοι, τίς ὑπὸ τίνα καὶ ποῦ καὶ μετὰ πόσους, ὑπ' ὀξὺ παράγγελμα πάντες ὦσιν ἐν τάξει· καὶ τάς τε ἐκτάσεις καὶ συστολὰς καὶ ἐγκλίσεις ἐπὶ λαιὰ καὶ δεξιά, καὶ λόχων μεταγωγὰς καὶ διαστήματα καὶ πυκνώσεις, καὶ τὰς δι' ἀλλήλων ἀντεξόδους καὶ εἰσόδους, καὶ τὰς κατὰ λόχους διαιρέσεις, καὶ τὰς κατατάξεις καὶ <τὴν> ἐπὶ φάλαγγα ἐκτείνουσαν καὶ τὴν ἐπὶ βάθος ὑποστέλλουσαν, καὶ τὴν ἀμφιπρόσωπον μάχην, ὅτ' ἂν οἱ κατ' οὐρὰν ἐπιστρέψαντες πρὸς τοὺς κυκλουμένους μάχωνται, καὶ τὰς ἀνακλήσεις ἐκδιδασκέτω.
(10.3) καθάπερ γὰρ ἐπὶ τῶν μουσικῶν ὀργάνων οἱ μὲν ἀρχὴν ἔχοντες τοῦ μανθάνειν ἐπιτιθέντες τοὺς δακτύλους ἐπί τε τὰ τρήματα τῶν αὐλῶν καὶ διαστήματα τῶν χορδῶν πολλάκις ἄλλον ἔθεσαν ἐπ' ἄλλη<ν> καὶ οὐ κατὰ τὴν ἁρμονικὴν διάστασιν, εἶτα μόλις ἐπεκτείναντες βραδὺ μὲν αἴρουσι τοὺς δακτύλους, βραδὺ δὲ τιθέασιν, οἱ δ' ἐν μελέτῃ τῆς μουσικῆς ἀνεπιτηδεύτως ἤδη ἐρρυθμισμένῃ τῇ χειρὶ δι'

(10.1) Deshalb ist es Sache eines guten *Strategos*, alles Nützliche dann vorzubereiten, wenn die Notwendigkeiten von Kämpfen in Gegenüberstellung (mit den Feinden) noch nicht zwingend sind. Er soll für das Trainiertbleiben der Körper auch unproduktive Aufgaben vergeben. Ausreichend ist ja als Entspannung in Lagern, auch wenn die Soldaten sehr müde sind, das Exerzieren für den Schlachtbeginn ohne dessen Gefahren. Man soll das auf folgende Weisen einüben:
(10.2) Zuerst befehle man allen Soldaten, die Waffen anzulegen, damit ihnen das Bleiben in der Formation zur Gewohnheit wird und sie mit den Gesichtern und Namen voneinander vertraut werden, wer hinter einem steht und wo und mit wie vielen, und auf einen raschen Befehl hin alle in Reih und Glied stehen. Dann soll man die Ausdehnungen, Zusammenziehungen und Schwenkungen nach links und rechts lehren, die Umstellungen der Reihen und die Erweiterungen und Verdichtungen, die Aufteilungen nach Reihen und die Einreihungen, die Bildung der Phalanx und ihre Umstellung in die Tiefe, die Schlacht mit zwei Fronten, wenn man sich zum Schwanz (nach hinten; s. o. 6.4) umwendet und bei den Eingekreisten kämpft, ebenso auch die Rückzüge.
(10.3) Ein Vergleich: Alle, die anfangen, Musikinstrumente zu spielen, indem sie ihre Finger auf die Bohrungen der Flöte oder auf die Saiten (der Lyra) legen, setzen oft einen Finger neben den anderen, ohne auf das Intervall zu achten, das Harmonie hervorbringt, und dehnen dann mühsam ihre Finger aus, heben sie langsam an und legen sie langsam wieder auf. Diejenigen aber, die geübte Musiker sind, wechseln mühelos mit

ὀξύτητος μεταφέρουσιν, ὅπῃ τε βούλονται παραθλίψαι τῆς ἀναπνοῆς καὶ ἀνοῖξαι καὶ παραψῆλαι χορδῆς· τοῦτον δήπου τὸν τρόπον οἱ μὲν ἀσυνήθεις καὶ ἀνάσκητοι τῆς τάξεως διὰ ταράχου πολλοῦ μόλις ἀλλήλων διαμαρτάνοντες ἐγκατατάσσονται πολὺν ἀναλίσκοντες χρόνον, οἱ δὲ συγκεκροτημένοι διὰ τάχους, ὡς εἰπεῖν αὐτόματοι, φέρονται πρὸς τὴν τάξιν ἐναρμόνιόν τινα καὶ καλὴν ἐκπληροῦντες ὄψιν.

(10.4) εἶτα διελὼν τὰ στρατεύματα πρὸς ἀλλήλους ἀσιδήρῳ μάχῃ συναγέτω νάρθηκας ἢ στύρακας ἀκοντίων ἀναδιδούς, εἰ δέ τινα καὶ βεβωλασμένα πεδία° εἴη, βώλους τε κελεύων αἴροντας βάλλειν· ὄντων δὲ καὶ ἱμάντων [καὶ] ταυρείων χρήσθων ἐπὶ τὴν μάχην· δείξας δ' αὐτοῖς καὶ λόφους ἢ βουνοὺς ἢ ὀρθίους° τόπους κελευέτω σὺν δρόμῳ καταλαμβάνεσθαι· ποτὲ δὲ καὶ ἐπιστήσας ἐπὶ αὐτῶν τινας τῶν στρατιωτῶν καὶ ἀναδοὺς ἃ μικρῷ πρόσθεν ἔφην ὅπλα, τούτους ἐκβαλοῦντας° ἑτέρους ἐκπεμπέτω· καὶ ἤτοι τοὺς μείναντας ἐπαινείτω καὶ μὴ ἐκπεσόντας ἢ τοὺς ἐκβαλόντας.

(10.5) [*fol.* 205r] ἐκ γὰρ τῆς τοιαύτης ἀσκήσεως καὶ γυμνασίας ὑγιαίνει μὲν τὸ στράτευμα, πᾶν δ' ὅ τι οὖν ἥδιον ἐσθίει καὶ πίνει°, <κ>ἂν λιτὸν ᾖ, πολυτελέστερον οὐθὲν ἐπιζητοῦν· ὁ γὰρ ἀπὸ τῶν πόνων λιμὸς καὶ τὸ δίψος ἱκανὸν ὄψον ἐστὶν καὶ γλυκὺ κρᾶμα, <καὶ> στερρότερά τε τὰ σώματά σφισι γίγνεται καὶ ἄκμητα, καὶ συνεθίζεται τοῖς μέλλουσι δεινοῖς, ἱδρῶτι καὶ πνεύματι καὶ

disziplinierter Hand rasch von einem Ort zum anderen, wo sie den Luftstrom schließen oder öffnen und die Saiten anzupfen wollen. Auf genau diese Weise werden die Ungeübten und in der Formation Untrainierten mit großer Verwirrung und Mühe einander verwechseln und erst mit großem Zeitaufwand ihre Plätze einnehmen. Diejenigen aber, die trainiert sind, werden rasch – sozusagen automatisch – zu ihren Plätzen eilen und eine harmonische und schöne Ansicht bieten.

(10.4) Nachdem man dann die Heere eingeteilt hat, soll man sie in einer waffenlosen Schlacht, für die man ihnen nur Stängel von Narthex (Riesenfenchel) oder Lanzenschäfte gibt, gegeneinander führen. Wenn es lehmige Felder gibt, soll man ihnen befehlen, Lehmklumpen zu werfen, und wenn sie Lederriemen haben, sollen sie diese in der Schlacht benutzen. Indem man ihnen Berge, Hügel oder steil hochragende Plätze zeigt, soll man ihnen befehlen, diese Orte im Laufschritt einzunehmen. Manchmal soll man einige von den Soldaten mit den Waffen, die ich eben genannt habe, ausrüsten, andere auf die Hügel verlegen und die ersteren schicken, um jene zu vertreiben. Man soll diejenigen loben, die ohne Rückzug fest stehen, und auch diejenigen, die es geschafft haben, jene zu vertreiben.

(10.5) Mit solchem Training und Übung wird das Heer ja bei guter Gesundheit bleiben, alles gerne essen und trinken, auch wenn es schlicht ist, und nichts Aufwändigeres wünschen. Der Hunger und der Durst, die aus den Mühen stammen, sind ja ausreichende Kost und süßer Trunk. Fester und unermüdlicher werden die Körper und an einen künftigen Schlachtbeginn gewöhnt, wenn sie

ἄσθματι καὶ θάλπεσιν ἀσκιάστοις καὶ κρυμοῖς ὑπαίθροις ἐγγυμναζόμενα.

(10.6) παραπλησίως δὲ γυμναζέτω καὶ τὸ ἱππικὸν ἁμίλλας ποιούμενο[ι]ς καὶ διώγματα καὶ συμπλοκὰς καὶ ἀκροβολισμοὺς ἐν τοῖς ἐπιπέδοις καὶ περὶ αὐτὰς τὰς ῥίζας τῶν λόφων, ἐφ' ὅσον δυνατόν ἐστι καὶ τῶν τραχέων ἐπιψαύειν· οὐ γὰρ οἷόν τε βιάζεσθαι πρὸς ἀνάντη καὶ κατὰ πρανοῦς ἱππάζεσθαι.

(10.7) σωφρονείτω δὲ περὶ τὰς προνομὰς καὶ μὴ ἐφιέτω ταῖς δυνάμεσιν, ἐπειδὰν εἰς εὐδαίμονα πολεμίων εἰσβάλῃ χώραν, ἀτάκτως φέρεσθαι πρὸς τὰς ὠφελίας· αἱ γὰρ μέγισται συμφοραὶ κἂν τοιοῖσδε γίγνονται·° πολλάκις γὰρ ἀτάκτοις καὶ σποράσι περὶ τὴν λείαν σεσοβημένοις ἐπιπεσόντες οἱ πολέμιοι καὶ διὰ τὸ ἀσύντακτον τοῦ πλήθους καὶ διὰ τὸ βαρεῖς εἶναι τοὺς ἀποχωροῦντας ταῖς ὠφελείαις οὔτε τοῖς ὅπλοις χρῆσθαι δυναμένους οὔτ' ἀλλήλοις ἐπικουρῆσαι πολλοὺς διέφθειραν.

(10.8) εἰ δέ τινες δίχα τοῦ τὸν στρατηγὸν κελεῦσαι προνομεύοιεν, οὗτοι κολαζέσθων. αὐτός γε μὴν ὅτ' ἂν ἐπὶ τὴν λείαν ἐκπέμπῃ, τοῖς ψιλοῖς καὶ ἀνόπλοις συνταττέτω μαχίμους ἱππεῖς καὶ πεζούς, οἳ περὶ μὲν τὴν λείαν οὐκ ἀσχολήσονται, μένοντες δὲ ἐν τάξει παραφυλάξουσι τοὺς προνομεύοντας, ἵν' ᾖ σφισιν ἀσφαλὴς ἡ ἀποχώρησις.

(10.9) εἰ δὲ συλλάβοι ποτὲ κατασκόπους, μὴ μιᾷ κεχρήσθω γνώμῃ· ἀλλ', ἐὰν μὲν ἀσθενέστερα <τὰ ἴδια ἤπερ> τὰ παρὰ τῶν πολεμίων εἶναι

mit Schwitzen, Pusten und Keuchen, schattenloser Sommerhitze und bitterer Kälte unter freiem Himmel geübt worden sind.

(10.6) Ähnlich soll man auch die Reiterschwadrone üben, indem man Verfolgungen, Treffen und Fernwürfe sowohl in den Ebenen als auch an den Füßen der Berge veranstaltet, sofern man auch in raues Land kommen kann; es ist freilich nicht möglich, den Weg bergauf zu erzwingen und bergab zu reiten.

(10.7) Man soll besonnen sein beim Proviant-Erbeuten (Fouragieren) und es den Streitkräften nicht erlauben, wenn sie in ein reiches feindliches Land eindringen, in undisziplinierter Weise zum Beutegut zu eilen. Die größten Unglücke nämlich können solchen Leuten geschehen: Oft schon sind ungeordnete und verstreute Leute, die auf Beute aus waren, wegen des Mangels an Ordnung der Masse und des Gewichts der Beute, die sie forttrugen, unfähig gewesen, die Waffen einzusetzen und einander zu helfen; so sind viele umgekommen.

(10.8) Wenn manche ohne den Befehl des *Strategos* plündern, sollen sie bestraft werden. Wenn er selbst Leute zum Beutemachen ausschickt, soll er mit den Leicht- und den Nichtbewaffneten kampfbereite Reiter und Fußsoldaten zusammenstellen, die sich nicht um die Beute kümmern, sondern in Formation bleiben und die Beutemacher beschützen, damit ihnen der Rückzug sicher ist.

(10.9) Wenn man einmal Späher ergreift, soll man nicht nur auf *eine* Art mit ihnen umgehen. Vielmehr soll man sie töten, wenn man glaubt, das die eigene Seite schwächer als die der Feinde ist; wenn man aber über eine gute Rüstung

νομίζῃ, κτεινάτω τούτους, ἂν δὲ καὶ ὁπλισμῷ καλῷ κεχρημένος ᾖ καὶ παρασκευαῖς ἐντελέσι καὶ δυνάμει πολλῇ καὶ εὐεξίᾳ σωμάτων καὶ πειθηνίῳ στρατεύματι καὶ ἡγεμόσιν ἀρίστοις καὶ ἐμπειρίᾳ μεμελετημένῃ, παραλαβὼν τοὺς κατασκόπους καὶ ἐν κόσμῳ τὴν στρατιὰν ἐπιδειξάμενος οὐκ ἂν ἁμάρτοι ποτὲ καὶ ἀθώους ἀποπέμψας°. τὰ μὲν γὰρ πλεονεκτήματα τῶν ἀντιπολέμων ἀγγελλόμενα φοβεῖσθαι συνηνάγκασεν, τὰ δ' ἐλαττώματα θαρρεῖν παρεστήσατο.

(10.10) φύλακας δὲ κατατασττέτω καὶ πλείους, ἵν' ἐν μέρει διελόμενοι τὴν τῆς νυκτὸς ὥραν οἱ μὲν ὑπνοῦν οἱ δὲ γρηγορεῖν [*fol.* 205v] αἱρῶνται· οὔτε γὰρ ἀναγκαστέον οὔθ' ὑπισχνουμένοις πιστευτέον ὅλην ἀγρυπνήσειν νύκτα τοὺς αὐτούς°· εἰκὸς γάρ ποτε καὶ παρὰ γνώμην ἐνδιδόντων τῶν μελῶν αὐτόματον ὕπνον ἐπελθεῖν.

(10.11) ὀρθοὶ δ' ἑστῶτες φυλαττόντων· αἱ γὰρ καθέδραι καὶ ἀναπτώσεις συνεκλύουσ[α]ι τὰ σώματα μαραίνουσαι° εἰς ὕπνον, ἡ δ' ἀνά<σ>τασις καὶ ὁ τόνος τῶν σκελῶν ἐγρήγορσιν ἐντίθησι τῇ διανοίᾳ.

(10.12) καιόντων δ'οἱ φύλακες πυρὰ πορρωτέρω τῆς στρατοπεδείας· οὕτως γὰρ τοὺς μὲν <προσι>όντας° διὰ τοῦ φωτὸς ἐκ πολλοῦ συνόψονται, τοῖς δ' ἐκ τοῦ φωτὸς ἐν σκότῳ τυγχάνοντες οὐκ ἀθρήσονται, μέχρις ἂν εἰς χεῖρας ἔλθωσιν.

(10.13) εἰ δὲ βούλοιτό ποτε νύκτωρ ἀναστῆσαι τὸ στράτευμα λανθάνων τοὺς πολεμίους, ἢ τόπους προκαταλαβέσθαι προαιρούμενος ἢ τοὺς ὄντας φεύγων ἢ μηδέπω βουλόμενος εἰς ἀνάγκην

verfügt und vollständige Vorbereitungen, eine große Streitmacht, kräftige Personen, ein gehorsames Heer, ausgezeichnete Kommandanten sowie durch Übung gewonnene Erfahrung hat, wird man keinen Fehler machen, wenn man, nachdem man die Späher ergriffen und ihnen das Heer in seiner Ordnung gezeigt hat, sie gelegentlich sogar unversehrt zurückschickt. Berichte über eine Überlegenheit der Kriegsgegner verursachten ja zwangsläufig Angst, Berichte über Unterlegenheit hingegen Mut.

(10.10) Wächter soll man aufstellen, und zwar in großer Zahl, damit sie die Zeit der Nacht einteilen und die einen schlafen, die anderen wachen lassen. Weder darf man erzwingen noch Freiwilligen vertrauen, dass sie die ganze Nacht wach bleiben; es ist ja wahrscheinlich, dass auch gegen den Willen die Glieder nachgeben und von selbst der Schlaf kommt.

(10.11) Die Wächter müssen im Dienst stehen bleiben; Sitzen und Liegen entspannen die Körper und ermatten sie zum Schlaf; das Aufrechtstehen aber und die Anspannung der Beine machen auch den Geist wach.

(10.12) Die Wächter müssen in einiger Entfernung vom Lager Feuer machen. So werden die einen wegen des Lichtes schon von Ferne gesehen. Die anderen aber, die aus dem Licht kommen, werden die Wachen im Dunkel nicht wahrnehmen, bis sie in ihre Hände fallen.

(10.13) Wenn der *Strategos* sein Heer in der Nacht von den Feinden unbemerkt zurückziehen will, soll er entweder ausgewählte Orte vorweg einnehmen oder die bestehenden meiden oder, wenn er niemals in die Notwendigkeit ei-

ἐλθεῖν τοῦ μάχεσθαι, πυρὰ πολλὰ καύσας ἀναχωρείτω· βλέποντες μὲν γὰρ οἱ πολέμιοι τὰ φῶτα δοκοῦσι κατὰ χώραν αὐτὸν μένειν, ἀφωτίστου δὲ μεταξὺ γενομένης τῆς παρεμβολῆς ὑπόνοιαν ἀναλαβόντες, ὡς φεύγουσιν, ἐνέδρας τε προεκπέμπουσι καὶ διώκουσιν.

(10.14) ἐὰν δ’ ἐπὶ τῶν αὐτῶν μένων εἰς ὄψιν ἔρχηταί ποτε <τῷ> τῶν πολεμίων στρατηγῷ[ν], κοινολογησόμενος, ὡς αὐτὸς εἰπεῖν ἢ ἀκοῦσαί τι βουλόμενος, ἐκλεξάμενος τοὺς κρατίστους καὶ ἀξιοπρεπεστάτους τῶν νέων, εὐρώστους καλοὺς μεγάλους, ὅπλοις διαπρεπέσι κοσμήσας ἔχων περὶ αὐτὸν ἀπαντάτω· πολλάκις γὰρ τοιόνδε τὸ πᾶν ἀπὸ μέρους ὀφθέν<τος> ἠλπίσθη°, καὶ οὐκ ἐξ ὧν ἤκουσεν ὁ στρατηγὸς ἐπείσθη, τί δεῖ ποιεῖν, ἀλλ’ ἐξ ὧν <ε>ἶδεν ἐφοβήθη.

(10.15) τῶν δὲ αὐτομόλων εἴ τινες ἢ καιρὸν ἀφικνοῦνται μηνύσοντες ἢ ὥραν ἐπιθέσεως, ἢ ὁδὸν ἐπαγγέλλονται καθηγήσεσθαι° καὶ σκοπῶν ἀοράτων τοῖς πολεμίοις ἄξειν, δήσας αὐτοὺς ἀγέτω, τοῦτο ποιῶν σφισι φανερόν, ὡς, ἐὰν μὲν ἀληθεύσωσι καὶ ἐπὶ σωτηρίᾳ καὶ νίκῃ πάντα ποιήσωσι τοῦ στρατεύματος, λύσει τέ σφας καὶ δωρεὰς δώσει καταξίους, ἐὰν δ’ ἐξαπατήσωσι καὶ ψεύσωνται τοῖς σφετέροις ἐγχειρίσαι° βουλόμενοι τὸ στράτευμα, παρ’ αὐτὸν ἐκεῖνον τὸν καιρὸν ὄντες ἐν δεσμοῖς ὑπὸ τῶν κινδυνευόντων κατασφαγήσονται· πίστις γὰρ αὐτομόλου τι μηνύοντος αὕτη βεβαιοτάτη, τὸ μὴ αὐτὸν εἶναι τῆς αὑτοῦ ψυχῆς κύριον, ἀλλὰ τοὺς ὁδηγουμένους.

ner Schlacht kommen will, viele Feuer anzünden und sich dann zurückziehen. Solange nämlich die Feinde die Lichter sehen, glauben sie, dass das Heer am eigenen Platz bleibt, wenn aber das Lager dunkel wird, während der Rückzug vor sich geht, wird der Feind ihre Flucht vermuten, Hinterhalte legen und die Verfolgung aufnehmen.
(10.14) Wenn man aber an Ort und Stelle bleibt und einmal mit dem *Strategos* der Feinde in Kontakt kommt, um sich zu besprechen, damit er sagen oder hören kann, was er möchte, soll man die stärksten und würdigsten von den Jüngeren auswählen – kräftige, schöne und große Männer –, sie mit prächtiger Rüstung ausstatten und mit ihnen bei jenem eintreffen. Oft schon hat nämlich der Blick auf einen Teil eine Erwartung über das Ganze gebracht, und jener *Strategos* hat nicht aufgrund des Gehörten beschlossen, was er tun müsse, sondern aufgrund des Gesehenen Angst bekommen.
(10.15) Wenn irgendwelche Überläufer im Lager ankommen und eine geeignete Gelegenheit oder eine Stunde zum Angriff verraten oder aber versprechen, den Weg zu zeigen und einen unbemerkt von den Spähern zu den Feinden zu führen, soll man sie, wenn sie die Wahrheit sagen und alles zum Erfolg und Sieg des Heeres tun, freilassen und ihnen wertvolle Geschenke geben, wenn sie einen aber täuschen und trügerisch das Heer ihren eigenen Leuten ausliefern wollen, soll man sie bei derselben Gelegenheit in Fesseln vor der gefährdeten Armee abschlachten. Die Glaubwürdigkeit eines Überläufers, der etwas anzeigt, ist dann am stärksten, wenn er weiß, dass nicht mehr er selbst Herr seines Lebens ist, sondern die von ihm Geführten.

(10.16) ὁράτω δὲ καὶ τὴν τῶν πολεμίων παρεμβολὴν ἐμπείρως· μήτε γάρ, ἐὰν <ἐν> ἐπιπέδῳ καὶ κατὰ κύκλον ἴδῃ κείμενον βραχὺν [*fol.* 206r] τὴν περίμετρον καὶ συνεσταλμένον χάρακα, δοκείτω τοὺς πολεμίους ὀλίγους εἶναι – πᾶς γὰρ κύκλος ἐλάττω τὴν τοῦ σχήματος ὄψιν ἔχει τῆς ἐξ ἀναλόγου στερεομετρουμένης θεωρίας, καὶ πλείους δύναται δέξασθαι τὸ ἐ<ν> αὐτῷ περιγραφόμενον εὖρος, ἢ ἰδὼν <ἄν> ὄψει τεκμήραιτο –, μήτε, ἂν αἱ πλευραὶ τοῦ χάρακος ἐπὶ μῆκος ἐκτείνωσι° καὶ κατά τι μέρος στεναὶ τυγχάνωσιν ἢ σκολιαὶ καὶ πολυγώνιοι καὶ ὀξυγώνιοι, πολὺ πλῆθος ἐλπιζέτω· <τ>ῆς μὲν γὰρ στρατοπεδείας ἡ ὄψις μεγάλη φαίνεται, τοὺς δ' ἐν αὐτῇ περιειλημμένους ἄνδρας οὐ πάντως πλείονας ἔχει τῶν ἐν κύκλῳ περιγραφομένων.
(10.17) οἱ δ' ἐπὶ τῶν ὀρῶν καὶ λόφων χάρακες, ἐὰν μὴ συμφυεῖς ὦσι πάντῃ, μείζους μὲν ὁρῶνται τῶν ἐν τοῖς ἐπιπέδοις, ἐλάττους δὲ ἢ κατὰ τὴν ὄψιν ἄνδρας περιέχουσιν· πολλὰ γὰρ ἀνθρώπων ἐντὸς ἀπολείπεται γυμνὰ μέρη· τῶν γὰρ τοιούτων τόπων ἀνάγκη πολλὰ μὲν εἶναι βάραθρα, πολλὰ δὲ κρημνώδη καὶ τραχέα καὶ ἀκατασκήνωτα, τοῦ δὲ χάρακος πρὸ τῶν ἀνθρώπων τιθεμένου, τούτου τὸ μῆκος εὐλόγως ἐπεκτείνεται.
(10.18) μήτ' οὖν, ἐπειδὰν ἴδῃ βραχὺν καὶ συνεσταλμένον, καταφρονείτω συλλογιζόμενος καὶ τὸν τόπον καὶ τὸ σχῆμα, μήτ', ἂν καὶ παραμήκη, καταπληττέσθω.

(10.16) Man soll das Lager der Feinde mit Erfahrungswissen betrachten. Wenn man in einer Ebene eine kreisförmige Palisade sieht, die zu einem kleinen Umfang zusammengezogen ist, darf man daraus nicht schließen, dass die Feinde nur wenige sind – jeder Kreis bietet ja einen geringeren Anblick der Gestalt als die entsprechende Theorie der Raumvermessung (ergibt), und der Raum, der von einem Kreis eingeschlossen ist, kann mehr Menschen aufnehmen, als der Betrachter nach Ansicht annimmt. Wenn aber die Seiten der Palisade in manchen Teilen lang sind und nahe aneinander liegen oder wenn sie mit vielen spitzen Winkeln unregelmäßig sind, soll man daraus nicht schließen, dass das Lager eine große Anzahl von Männern enthält, denn diese Art von Lager erscheint zwar groß, hat aber jedenfalls nicht mehr Männer in sich als ein kreisförmiges.

(10.17) Palisaden auf Hügeln und Bergen scheinen, wenn sie nicht in jeder Hinsicht kompakt sind, größer als die in Ebenen, enthalten aber weniger Männer, als die Ansicht vermittelt. Viele Teile solcher Lager sind ja frei von Männern, da es in ihnen notwendigerweise viele Schluchten, viele Steilhänge und raue, für den Zeltbau untaugliche Plätze gibt. Da die Palisade aber vor die Menschen gestellt wird, muss ihre Ausdehnung entsprechend größer sein.

(10.18) Wenn man also ein kleines und kompaktes Lager sieht, darf man es nicht unterschätzen, sondern die Lage und die Form bedenken; auch darf man nicht erschrecken, wenn man ein längliches sieht.

(10.19) ταῦτα μέντοι γι<γ>νώσκων εὐκαίρῳ ποτὲ στρατηγίᾳ χρησάσθω. καὶ καταστρατοπεδεύσας ἐν ὀλίγῳ κατὰ τὸ προειρημένον σχῆμα, καί, εἰ δέοι, καὶ συνθλίψας τὸ στράτευμα μὴ προαγέτω μήτε° δεικνύτω τοῖς ἀντεστρατοπεδευκόσι, καὶ δὴ προκαλουμένοις εἰς μάχην μὴ ἐξαγέτω· δοκείτω δὲ καὶ δεδιέναι.
(10.20) πολλάκις γὰρ οἱ πολέμιοι καταφρονήσαντες ὡς ὀλίγων ὄντων τῶν ἐναντίων, ὄψει καὶ οὐκ ἐμπειρίᾳ στρατηγικῇ τὰ πράγματα κρίνοντες, ῥᾳθυμότερον ἀνεστράφησαν, ἀφυλάκτως καὶ ἀτάκτως τῆς ἰδίας προϊόντες παρεμβολῆς, ὡς οὐ τολμησόντων σφίσι τῶν πολεμίων ἐπεξελεύσεσθαι, ἢ καὶ τῷ χάρακι περιστάντες πολιορκοῦσιν ἀπροσδόκητοι° τοῦ μέλλοντος ἐκχυθήσεσθαι πλήθους· ἡ δ' ἀνελπιστία τῶν δεινῶν ἀμελεστέρους ἐποίησε τοὺς στρατιώτας. ἔνθα δεῖ° τὸν καιρὸν ἁρπάσαντα κατὰ πολλὰς ἐκδραμόντα τοῦ χάρακος πυλίδας ἐν τάξει τῶν ὑποκειμένων ἀνδρείως ἔχεσθαι πραγμάτων.
(10.21) ὁ δὲ εἰδὼς οὕτως στρατηγεῖν [εἴσεται], κἂν ὑπὸ τῶν πολεμίων ἐν τοῖς αὐτοῖς καταστρατηγῆται, καὶ δρᾶσαί τι φρόνιμος ἔσται καὶ φυλάξασθαι προμηθής· ἐξ ὧν γὰρ αὐτὸς εἴσεται, τί δεῖ ποιεῖν, ἐκ τούτων ἑτέρου ποιοῦντος γνώσεται, τί χρὴ [*fol.* 206v] μὴ παθεῖν· αἱ γὰρ ἴδιαι πρὸς τὸ λυπεῖν ἐμπειρίαι καὶ τὰς τῶν πέλας ἐπινοίας τεκμαίρονται.

(10.19) Mit diesem Wissen soll man von einer geeigneten Strategie Gebrauch machen. Man soll das Heer in einer kleinen Verschanzung von der eben benannten Gestalt lagern lassen und es nötigenfalls auch zusammendrängen. Man soll es nicht herausführen und auch nicht denen zeigen, die ihm entgegenziehen. Selbst dann, wenn jene einen zur Schlacht auffordern, soll man es nicht herausführen. Vielmehr soll man sogar den Eindruck erwecken, dass man Angst hat.
(10.20) Oft schon haben ja die Feinde in der geringschätzigen Überzeugung, dass ihre Gegner nur wenige sind, durch Schauen und nicht durch strategische Erfahrung die Lage beurteilt, recht leichtsinnig kehrtgemacht und sind ungeschützt und ungeordnet in ihr eigenes Lager gegangen, als würden ihre Feinde es nicht wagen, herauszukommen und anzugreifen – oder aber sie umstellen und belagern die Palisade ohne Kenntnis der Menge der Menschen, die sich über sie ergießen werden. Die Unerwartetheit des Schlachtbeginns hatte die Soldaten unachtsamer gemacht. Wenn man dann eine günstige Gelegenheit ergriff, konnte man aus vielen Pforten geordnet herauslaufen und die anstehenden Aufgaben mutig erfüllen.
(10.21) Wenn ein *Strategos* so zu sein versteht, wird er, selbst wenn er in diesen Angelegenheiten von den Feinden ausmanövriert wird, sowohl erkennen, was er zu tun hat, als auch umsichtig sein, was den Schutz angeht. Daher wird er selbst wissen, was zu tun ist, und aus dem, was der andere tut, wird er erkennen, was er nicht selbst erleiden muss, denn persönliche Erfahrung mit dem Leiden warnt vor den Vorhaben anderer.

(10.22) προάγειν δ' εἰ δέοι νύκτωρ ἢ μεθ' ἡμέραν ἐπί τι τῶν ἀπορρήτων, ἢ φρούριον° ἢ πόλιν ἢ ἄκρα ἢ παρόδους καταληψόμενον ἤ τι τῶν ἄλλων δράσοντα, <ἃ> διὰ τάχους λαθόντα τοὺς πολεμίους, ἄλλως δ' οὐκ ἔστι πρᾶξαι, μηδενὶ προλεγέτω, μήτ' ἐπὶ τί μήτε τί ποιήσων ἄγει τὴν στρατιάν, εἰ [δὲ] μή τισι τῶν ἡγεμόνων ἀναγκαῖον εἶναι νομίζοι προειπεῖν.

(10.23) γενόμενος δ' ἐπ' αὐτῶν τῶν τόπων ἐγγὺς ὄντος τοῦ παρ' ὃν° δρᾶσαί τι δεῖ καιροῦ διδότω τὸ παράγγελμα καὶ τί δεῖ πράττειν σημαινέτω· ταχὺ δὲ τοῦτο ἔστω° καὶ δι' ὀλίγης ὥρας· ἅμα γὰρ οἱ ἡγεμόνες ἀκούουσι καὶ οἱ ὑποτεταγμένοι τούτοις ἴσασιν.

(10.24) ἄφρων δὲ καὶ ἀτελής, ὅστις ἂν πρὸ τοῦ δέοντος εἰς τὸ πλῆθος ἀνακοινώσηται τὴν πρᾶξιν· οἱ γὰρ πονηροὶ μάλιστα περὶ τοὺς τοιούτους αὐτομολοῦσι καιρούς, παρ' οὓς ἐροῦντές τι° καὶ μηνύσοντες οἴονται τιμῆς καὶ δωρεᾶς τεύξεσθαι παρὰ τῶν πολεμίων· οὐκ ἔστιν δ' ἀφ' οὗ στρατεύματος οὐκ ἀποδιδράσκουσι πρὸς ἀλλήλους δοῦλοί τε καὶ ἐλεύθεροι κατὰ πολλὰς προφάσεις, ἃς ἀνάγκη παρέχεσθαι πόλεμον.

(10.25) μήτε δὲ εἰς πορείαν ἐξαγέτω <τὸ> στράτευμα μήτε πρὸς μάχην ταττέτω, μὴ πρότερον θυσάμενος· ἀλλ' ἀκολουθούντων αὐτῷ θύται καὶ μάντεις. ἄριστον μὲν γὰρ καὶ αὐτὸν ἐμπείρως ἐπισκέπτεσθαι δύνασθαι τὰ ἱερά· ῥᾷστόν γε μὴν ἐν τάχει μαθεῖν ἐστιν καὶ αὐτὸν αὑτῷ σύμβουλον ἀγαθὸν γενέσθαι.

(10.22) Wenn man einen Marsch nachts oder am Tag zu einem geheimen Zweck durchführen muss, um eine Festung, eine Stadt, eine Burg oder einen Pass zu besetzen oder etwas anderes zu tun, das schnell und ohne Kenntnis der Feinde geschehen muss, darf man niemandem vorher etwas davon sagen, es sei denn, man hält es für notwendig, bestimmten Kommandanten davon zuvor zu berichten.
(10.23) Wenn man zu den Orten gekommen ist und der Zeitpunkt, zu dem man handeln muss, naht, muss man den Befehl geben und anzeigen, was zu tun ist. Schnell muss dies sein und in kurzer Zeit geschehen, denn in demselben Moment, in dem die Kommandanten es hören, wissen es auch die Untergebenen.
(10.24) Unklug und vergeblich handelt, wer *vor* dem notwendigen Zeitpunkt der Masse den Plan bekannt macht. Schurken laufen ja gerade in solchen Zeiten (zu den Feinden) über, in denen sie bei Offenlegung und Anzeige von Geheimnissen glauben, sie würden von den Feinden Ehre und Belohnung erhalten. Es gibt kein Heer, aus dem nicht Sklaven und Freie zur anderen Seite übergelaufen sind bei den vielen Anlässen, die ein Krieg notwendigerweise bietet.
(10.25) Man soll das Heer nicht zu einem Marsch herausführen und auch nicht zur Schlacht aufstellen, bevor man nicht geopfert hat. Man soll von Opferpriestern und Sehern begleitet werden. Am besten aber ist es, wenn man selbst in der Lage ist, die Opfer zu deuten; man kann dies einfach und in kurzer Zeit lernen und dadurch ein guter Ratgeber für sich selbst werden.

(10.26) γενομένων δὴ καλῶν τῶν ἱερῶν ἀρχέσθω πάσης πράξεως καὶ καλείτω τοὺς ἡγεμόνας πάντας ἐπὶ τὴν ὄψιν τῶν ἱερῶν, ἵνα θεασάμενοι τοῖς ὑποταττομένοις θαρρεῖν λέγοιεν ἀπαγγέλλοντες, ὡς οἱ θεοὶ κελεύουσι μάχεσθαι· πάνυ γὰρ ἀναθαρροῦσιν αἱ δυνάμεις, ὅτ' ἂν μετὰ τῆς τῶν θεῶν γνώμης ἐξιέναι νομίζωσιν ἐπὶ τοὺς κινδύνους· αὐτοὶ γὰρ ὀπιπεύονται κατ' ἰδίαν ἕκαστος καὶ σημεῖα καὶ φωνὰς παρατηροῦσιν, ἡ δ' ὑπὲρ πάντων καλλιέρησις καὶ τοὺς ἰδίᾳ δυσθυμοῦντας ἀνέρρωσεν.
(10.27) ἐὰν δ' ἐπὶ τοὐναντίον τὰ ἱερὰ γένηται, μένειν ἐπὶ τῶν αὐτῶν, κἂν σφόδρα τι ἐπείγῃ, πᾶν ὑπομένειν τὸ δύσχρηστον – οὐθὲν γὰρ δύναται παθεῖν χεῖρον, ὧν προμηνύει τὸ δαιμόνιον –, ὡς, ἄν γέ τι κρεῖττον ἔσεσθαι μέλλῃ τῶν παρόντων, ἀνάγκη καλλιερεῖν, θύεσθαι δὲ τῆς αὐτῆς ἡμέρας πολλάκις· ὥρα γὰρ μία καὶ ἀκαρὴς χρόνος ἢ φθάσαντας ἐλύπησεν° ἢ ὑστερήσαντας.
(10.28) [*fol.* 207r] <καί> μοι δοκεῖ τὰς κατ' οὐρανὸν ἀστέρων κινήσεις καὶ ἀντολὰς καὶ δύσεις καὶ σχημάτων ἐγκλίσεις τριγώνων καὶ τετραγώνων καὶ διαμέτρων ἡ θυτικὴ διὰ σπλάγχνων ἀλλοιομόρφῳ θεωρίᾳ προσημαίνειν, ὧν αἱ παρὰ μικρὸν διαφοραὶ καὶ δυνάμεις καὶ ἀποθειώσεις ἐν ἡμέρᾳ μιᾷ μᾶλλον δὲ ὥρᾳ καὶ βασιλεῖς ἐποίησαν καὶ αἰχμαλώτους.

(10.26) Erst wenn die Opfer gut waren, soll man jedwede Unternehmung beginnen und alle Kommandanten zur Schau der Opfer rufen, damit sie nach dem Sehen den Untergebenen davon berichten und Mut zusprechen können, indem sie melden, dass die Götter zu kämpfen befehlen. Die Streitkräfte werden ja viel mutiger, wenn sie glauben, dass sie mit dem guten Willen der Götter vor den Gefahren stehen: Ein jeder von ihnen hat es selbst gesehen und die Zeichen und Stimmen beobachtet. Ein glückliches Opfer für alle hat auch diejenigen ermutigt, die für sich Bedenken tragen.
(10.27) Wenn die Opfer ins Gegenteil weisen, muss man an Ort und Stelle bleiben und, selbst wenn es sehr dringlich ist, geduldig die Unbill ertragen – nichts Schlimmeres kann man erleiden, als das, was das *Daimonion* (eine göttliche Macht) vorher anzeigt. Wenn man die Gegenwart überwinden will, muss man notwendigerweise günstigere Opfer haben und täglich mehrmals opfern; eine einzige Stunde, ja sogar eine noch kürzere Zeit zu früh oder zu spät hat schon Trauer gebracht.
(10.28) Es scheint mir, dass auch die Bewegungen der Gestirne am Himmel, ihre Auf- und Untergänge, die Positionen ihrer drei- und viereckigen Formen und ihre Gegenüberlagen von der Opferkunst mit Eingeweiden in einer andersgestaltigen Anschauung vorhergesagt werden. Davon haben auch Varianten im Kleinen, Kräfte und Vergöttlichungen an einem einzigen Tag, ja einer Stunde sowohl Könige als auch Gefangene hervorgebracht.

(11.1) ἐπειδὴ δὲ πολλάκις θυομένοις ὡς μὲν εἰς μάχην καλὰ γίγνεται τὰ ἱερά, διὰ δὲ μάχης ὅλον ἐνίοτε στρατευμάτων ὄλεθρον προσημαίνει, τῶν ἀναγκαιοτάτων ἡγοῦμαι περὶ τούτου φράσαι.
(11.2) τῆς γὰρ συμπάσης οἰκουμένης πολλὰς καὶ παντοίας εἶναι συμβέβηκεν ἰδέας τόπων, ἄδηλον δέ, ἐν ὁποίοις ἕκαστοι πολεμήσουσιν· καὶ τῆς μὲν σφῶν αὐτῶν ἐμπειρίαν ἔχουσι χώρας ἄνθρωποι, τὴν δ' ἀλλοτρίαν οὐκ ἴσασι.
(11.3) πολλάκις δ' εἰ° στρατηγὸς ἀκούσας μιᾶς ἡμέρας ὁδὸν ἀπέχειν τοὺς πολεμίους ἀναστήσας ἄγει τὸν στρατόν, ἐπειγόμενος διὰ μάχης ἐλθεῖν τοῖς πολεμίοις, τῶν δ' ὑποχωρούντων ἐπίτηδες καὶ μὴ μενόντων, ὡς κατορρωδοῦσιν ἕπεται, τῶν δὲ° ταὐτὸ τοῦτο ποιούντων, ἕως ἔλθωσιν εἰς δυσχωρίας καὶ περικεκλεισμένους ὄρεσι τόπους, ἐπίκειται μηδὲν ὑφορώμενος, εἶτα <ἐμ>βαλὼν εἰς τοὺς τόπους ὑπὸ τῶν πολεμίων ἀπεκλείσθη τῆς εἰσβολῆς°, ᾗ τὸ στράτευμα εἰσῆλθε, καὶ καταλαβόμενοι τάς τε εἰς τοὔμπροσθεν διόδους καὶ κύκλῳ τὰ μετέωρα πάντα κατασχόντες, ὥσπερ ἐν ζωγρ<εί>ῳ τινὶ συνεπέδησαν μὲν τοὺς πολεμίους, ὁ δὲ πρῶτον° μὲν ὑπὸ τῆς ὁρμῆς ἐφέρετο δοκῶν ἐπικεῖσθαι φυγομαχοῦσι τοῖς πολεμίοις, οἷς προσελθὼν οὐκ ἔγνω, μετὰ δὲ ταῦτα περιβλεψάμενος τά τε πρόσω καὶ ὀπίσω καὶ παρὰ πλευράν, καὶ πάντα πλήρη θεασάμενος πολεμίων ἢ συνηκοντίσθη μετὰ τοῦ στρατεύματος, ἢ ἀπομάχεσθαι μὴ δυνάμενος καὶ μὴ παραδιδοὺς λιμῷ διέφθειρεν πάντας, ἢ παραδοὺς κυρίους ἐποίησε τοὺς πολεμίους τοῦ <ὅ> τι βούλονται διαθεῖναι.

(11.1) Weil zwar oft die Vorzeichen eines Opfers für eine Schlacht gut sind, manchmal aber dann während der Schlacht (die Opfer) den vollständigen Untergang der Heere anzeigen, halte ich es für äußerst notwendig, darüber zu sprechen.
(11.2) Auf der ganzen bewohnten Welt gibt es viele und vielfältige Gestalten von Orten und es ist unklar, in welcher Art von Land man jeweils Krieg führen wird. Mit dem eigenen Land haben die Menschen Erfahrung, vom fremden wissen sich nichts.
(11.3) Oft stellt ein *Strategos*, wenn er gehört hat, dass die Feinde nur eine Tagesstrecke weit entfernt seien, seine Truppen auf, führt das Heer und beeilt sich, zu einer Schlacht mit den Feinden zu kommen. Diese aber ziehen sich absichtlich zurück und bleiben nicht. Er verfolgt sie als Schwächlinge, sie aber tun dasselbe erneut, bis sie in unwegsame Gegenden und in von Bergen eingeschlossene Gebiete kommen. Wenn das Heer dort eingetroffen ist, nachdem (die Feinde) die Passwege vor ihm eingenommen und ringsum alle Gipfel besetzt haben, dann haben sie ihre Feinde in einer Art Tierkäfig eingesperrt. Derjenige aber, der zunächst mit dem Ansturm fortgerissen wurde und glaubte, er verfolge fliehende Feinde, bemerkte so nicht, welchen er sich nun näherte. Wenn er aber danach vor und hinter sich und auf beide Seiten blickte und alles voll von Feinden sah, wurde er entweder mitsamt seinem Heer durch Speere hingestreckt oder es kamen alle, die kampfunfähig und nicht bereit waren, sich zu ergeben, vor Hunger um oder lieferten sich den Feinden als ihren neuen Herren aus, die mit ihnen tun konnten, was sie wollten.

(11.4) δεῖ τοίνυν τὰς ὑποχωρήσεις ὑφορᾶσθαι τῶν πολεμίων καὶ μὴ ἀπειροκάλως ἕπεσθαι καὶ περιβλέπεσθαι δὲ μᾶλλον τοὺς τόπους ἢ τοὺς πολεμίους καὶ δι’ ὧν ἄγει χωρίων ὁρᾶν, ἐπιλογίζεσθαι δ’ ὅτι ταύτῃ πάλιν ὑποστρέψαι δεῖ, καὶ ἤτοι μηδ’ εἰσβάλλειν, ἀλλ’ ἀποτρέπεσθαι τῆς πορείας, <ἢ εἰσβάλλοντα προορᾶν> καὶ <εἰς> τὰς ὑπερβολὰς καὶ τοὺς συνάπτοντας αὐχένας τῶν ὀρῶν ἀπολείπειν τοὺς παραφυλάττοντας, ἵν’ ἀσφαλής σφισιν ἡ ἀνακο[*fol.* 207v]μιδὴ γίγνηται.

(11.5) ταῦτα δ’ εἰρήσθω καὶ τοῦ καταστρατηγεῖν οὕτως εἵνεκα καὶ τοῦ μὴ καταστρατηγεῖσθαι· καλὸν μὲν γὰρ καὶ τὸ λαβεῖν οὕτω δύνασθαι πολεμίους, ἀναγκαῖον δὲ τὸ μὴ ληφθῆναι°.

(11.6) προσιέσθω δὲ καὶ πάντα τὸν βουλόμενόν τι ἀπαγγέλλειν καὶ δοῦλον καὶ ἐλεύθερον καὶ νύκτωρ καὶ μεθ’ ἡμέραν καὶ ἐν πορείᾳ καὶ ἐν κατασκηνώσει καὶ ἀναπαυόμενος καὶ ἐπὶ λουτροῦ καὶ ἐπὶ [σ]τροφῆς· οἱ γὰρ ἀναβαλλόμενοι καὶ δυσπρόσιτοι καὶ τοῖς ὑπηρέταις τοὺς προσιόντας ἀνακόπτειν κελεύοντες πολλῶν καὶ μεγάλων εἰκότως διαμαρτάνουσι πραγμάτων, ἢ καὶ τοῖς ὅλοις ῥᾳθυμοῦντες σφάλλονται· πολλάκις γὰρ ἐν ὀξεῖ τὸ δυνάμενον καιρῷ φθασθῆναι πάρεισίν τινες μηνύοντες.

(11.4) Daher muss man Rückzüge der Feinde argwöhnisch beobachten und nicht aus Unerfahrenheit verfolgen. Man soll eher das Land als die Feinde registrieren und wahrnehmen, durch welches Gelände man zieht. Auch soll man daran denken, dass man auf demselben Weg zurückkehren muss, und deshalb entweder gar nicht erst einfallen, sondern auf dem Marsch kehrtmachen, oder beim Einfall vorsichtig sein, die Bergübergänge und engen Schluchten zwischen den Bergen meiden und so darauf achten, dass einem der Rückweg sicher sein wird.
(11.5) Dies soll auch dafür gesagt sein, dass man (die Feinde) so ausmanövriert, sich aber nicht selbst ausmanövrieren lässt. Es ist nämlich gut, Feinde ergreifen zu können, aber notwendig, sich nicht selbst ergreifen zu lassen.
(11.6) Man soll jeden Mann empfangen, der etwas melden will, gleich ob Sklave oder Freier, ob nachts oder am Tag, ob auf dem Marsch oder im Lager, auch in einer Ruhepause, im Bad oder beim Essen. Diejenigen nämlich, die das verzögern, schwer zugänglich sind und die ihren Dienern befehlen, jene abzuweisen, vergeben wahrscheinlich viele große Chancen oder erleiden durch ihre Nachlässigkeit sogar völligen Ruin. Oft kommen jene ja und zeigen in einem kritischen Moment an, was ein rechtzeitiges Agieren ermöglicht.

(12.1) ἀντιστρατοπεδεύων δὲ πολεμίῳ χάρακι μηδὲ τῆς κατὰ καιρὸν ἀριστοποιΐας ἀμελείτω· ἐὰν μὲν γὰρ ἐφ' ἑαυτῷ νομίζῃ τὸ ὅτε βούλεται τὸ στράτευμα πρὸς μάχην ἐκτάττειν εἶναι, καὶ ἡνίκα ἂν ἐθέλῃ, παραγγελλέτω ταῖς δυνάμεσιν ἀριστοποιεῖσθαι· ἐὰν δὲ εἰς τοσαύτην ἀνάγκην ἐληλυθὼς τυγχάνῃ διά τινας τόπους ἢ χάρακος ἀσθένειαν ἤ τινας ἄλλας αἰτίας, ὥστ' ἐπὶ τοῖς πολεμίοις ἀπολελεῖφθαι τὸ ἐξάγειν ὁπότε προαιροῦνται καὶ τὴν ἀνάγκην σφίσιν ἐπιτιθέναι τοῦ τὰ ὅπλα λαμβάνειν καὶ ἀντιπαρατάττεσθαι, μὴ ὀκνείτω καὶ ἕωθεν ἀριστοποιεῖσθαι σημαίνειν, μὴ φθάσωσιν νήστισιν ἐπιθέντες οἱ πολέμιοι τὴν ἀνάγκην τοῦ μάχεσθαι.

(12.2) καὶ τὸ σύνολον οὐκ ἐν μικρῷ θετέον οὐδὲ παροратέον τὴν τῶν τοιούτων πρόνοιαν· ἐμφαγόντες γὰρ στρατιῶται μετρίως, ὥστε μὴ πολὺν ἐνφορτίσασθαι τῇ γαστρὶ κόρον, δυναμικώτεροι πρὸς τὰς μάχας εἰσίν· πολλάκις καὶ παρὰ τοῦθ' ἡττήθη στρατόπεδα τῆς ἰσχύος ἐλλειπούσης διὰ τὴν ἔνδειαν, ὅταν μὴ ἐν ὀξεῖ καιρῷ κρίνηται τὰ τῆς μάχης, ἀλλὰ δι' ἡμέρας ὅλης λαμβάνῃ τὸ τέλος.

(12.1) Wenn man sein Lager gegenüber der feindlichen Palisade hat, soll man auch nicht die Mahlzeiten zum rechten Zeitpunkt versäumen. Wenn man nämlich bedenkt, dass es an einem selbst liegt, wann das Heer zur Schlacht aufzustellen ist, kann man den Streitkräften, wann immer man will, befehlen, die Mahlzeiten einzunehmen. Wenn man aber wegen des Geländes, der Schwäche der Palisade oder aus anderen Gründen in eine solche Zwangslage gekommen ist, dass es an den Feinden liegt, ihre Truppen herauszuführen, wann immer sie wollen, und diese einen so in die Zwangslage bringen, zu den Waffen zu greifen und sich entgegenzustellen, soll man nicht zögern, die Einnahme der Mahlzeit schon in der Frühe zu befehlen, damit die Feinde nicht durch einen raschen Angriff einen Kampf auf nüchternen Magen erzwingen.
(12.2) Insgesamt darf man dies nicht geringschätzen und die Vorsorge für solcherlei Dinge nicht vernachlässigen, denn Soldaten, die maßvoll gegessen haben, sodass sie dem Magen nicht eine übermäßige Sättigung auferlegen, sind in den Schlachten kräftiger. Oft schon sind Heere ja deshalb unterlegen, dass ihre Kraft wegen des Nahrungsmangels nachließ, wenn nämlich die Entscheidung nicht in einem kritischen Moment fällt, sondern das Ende erst im Lauf eines ganzen Tages herbeigeführt wird.

(13.1) ὅτ' ἂν δέ τις ἐμπέσῃ δυσθυμία στρατεύμασι καὶ φόβος ἢ συμμαχίας τοῖς πολεμίοις ἀφιγμένης ἢ προτερήματός σφισι γεγονότος, ὁ στρατηγὸς τότε δὴ μάλιστα τοῖς στρατιώταις ἱλαρὸς καὶ γεγηθὼς καὶ ἀκατάπληκτος φαινέσθω.

(13.2) αἱ γὰρ ὄψεις τῶν ἡγεμόνων συμμετασχηματίζουσι τὰς ψυχὰς τῶν ὑποταττομένων, καὶ στρατηγοῦ μὲν εὐθυμουμένου καὶ ἱλαρὸν βλέποντος ἀναθαρρεῖ καὶ τὸ στρατόπεδον ὡς οὐδενὸς ὄντος δεινοῦ, κατεπτηχότος δὲ καὶ λυπουμένου συγκαταπίπτουσι ταῖς διανοίαις ὡς μεγάλου σφίσι κακοῦ προφαινομένου.

(13.3) διὸ χρὴ πλέον τῷ σχήματι τοῦ προσώπου στρατηγεῖν [*fol.* 208r] τὴν τοῦ πλήθους εὐθυμίαν ἢ τοῖς λόγοις παρηγορεῖν· λόγοις μὲν γὰρ πολλοὶ καὶ ἠπίστησαν ὡς τοῦ καιροῦ πεπλασμένοις εἵνεκεν, ὄψιν δὲ θαρσοῦσαν ἀνυπόκριτον εἶναι νομίζοντες ἐπιστώσαντο τὴν ἀφοβίαν· ἀγαθὴ δὲ ἡ [ἐξ] ἀμφοῖν ἐπιστήμη τοῦ τε εἰπεῖν, ἃ δεῖ, καὶ ὀφθῆναι, ὁποῖον δεῖ.

(14.1) καθάπερ γε μὴν ἐν καιρῷ στρατεύματος ἀναθάρσησις ὤνησεν, οὕτως καὶ φόβος ὠφέλησεν. ὅτ' ἂν γὰρ ῥᾳθυμῇ στρατόπεδον καὶ ἀπειθέστερον ᾖ τοῖς ἡγουμένοις, τὸν° ἀπὸ τῶν πολεμ<ί>ων ὑποσημαίνειν δεῖ κίνδυνον, οὐχ ἥκιστα φοβεροποιοῦντα τὴν ἐκείνων ἐφεδρείαν· οὐ γὰρ δειλοὺς ἔσται ποιεῖν οὕτως, ἀλλὰ ἀσφαλεῖς· ἐν μὲν γὰρ ταῖς δυσθυμίαις θαρρεῖν ἀναγκαῖον, ἐν δὲ ταῖς ῥᾳθυμίαις φοβεῖσθαι· τοὺς μὲν γὰρ

(13.1) Wenn Verzweiflung und Angst die Heere befallen oder die Feinde Verstärkungen erhalten oder einen Vorteil erlangt haben, soll der *Strategos* sich seinen Soldaten heiter, fröhlich und unerschrocken zeigen.
(13.2) Der Anblick der Kommandanten führt ja zu einer entsprechenden Veränderung in den Seelen der Unterstellten, und wenn der *Strategos* wohlgemut und heiter dreinblickt, fasst auch das Heer Mut, als gäbe es nichts Schreckliches. Ist sein Aussehen aber erschrocken und traurig, stürzen die Gedanken der Soldaten mit seinen zusammen ab, weil sie glauben, dass ihnen ein großes Übel angezeigt wird.
(13.3) Darum muss man als *Strategos* mehr mit persönlicher Gestik den guten Mut der Masse sichern als mit Reden Worte machen. Viele haben ja schon Reden misstraut, da die ja nur für den Moment geschaffen worden seien, haben aber einen Mut einflößenden Anblick für unverstellt gehalten und sich von der Furchtlosigkeit überzeugen lassen. Gut aber ist das Wissen von beiden: sagen, was zu sagen ist, und sich zeigen, wie man sich zeigen muss.

(14.1) So wie eine Ermutigung des Heeres im rechten Moment genützt hat, so war auch Angst von Vorteil. Wenn nämlich ein Heer untätig wird und dazu neigt, den Kommandanten nicht mehr zu gehorchen, muss man Gefahr von den Feinden her anzeigen, nicht zuletzt, indem man deren Reserven als furchterregend darstellt. Es bewirkt dies, dass die eigenen Leute nicht feige werden, sondern vorsichtig. In der Verzweiflung ist es ja notwendig, guten Muts zu sein, aber im

δειλοὺς ἀνδρείους ποιεῖ, τοὺς δὲ θρασεῖς προμηθεῖς.
(14.2) ἀμφότερα δὲ συμβαίνει στρατοπέδοις, καὶ οὕτως καταπεπλῆχθαι πολεμίους ὥστε μηδὲν ἐθέλειν τολμᾶν, καὶ οὕτως καταφρονεῖν ὥστε μηδὲν φυλάττεσθαι· πρὸς ἑκάτερον δὲ δεῖ τὸν στρατηγὸν ἡρμόσθαι καὶ εἰδέναι, πότε δεῖ τἀντίπαλα ταπεινὰ καὶ λόγῳ καὶ σχήματι ποιεῖν, καὶ πότ᾽ αὐ<τὰ> δεινὰ καὶ φοβερώτερα.
(14.3) μελλούσης δὲ μάχης, ὅτε ἄδηλον ἔχοντα τὰ στρατεύματα τὴν κρίσιν τοῦ πολέμου διατετάρακται τῷ φόβῳ, δυνηθείς πῃ λαβεῖν αἰχμαλώτους ὁ στρατηγὸς ἢ ἀπὸ ἐνέδρας ἢ διακροβολισάμενος ἢ καὶ ἀποστατοῦντας τῆς ἰδίας παρεμβολῆς, εἰ μέν τινας γενναίους τοῖς φρονήμασι καὶ τοῖς σώμασι καταμάθοι, τούτους ἢ ἀποκτεινάτω παραχρῆμα λαβὼν ἢ δήσας παραδότω τοῖς ἐπὶ ταῦτα τεταγμένοις φυλάττειν κελεύσας, ὅπως μὴ πολλοὶ θεάσωνται τοὺς ἄνδρας, εἰ δὲ ἀσθενεῖς καὶ ἀγεννεῖς καὶ μικροψύχους, ἔτι καὶ προαπειλήσας σφίσιν ἐπὶ τῆς ἰδίας σκηνῆς καὶ προδουλώσας σφῶν τῷ φόβῳ° τὰς ψυχὰς εἰς τὰ πλήθη προαγέτω δακρύοντας καὶ δεομένους, ἅμα λέγων καὶ ἐνδεικνύμενος τοῖς στρατιώταις, ὡς ἀγεννεῖς καὶ ταπεινοὶ καὶ οὐδενὸς ἄξιοι, καὶ ὡς πρὸς τοιούτους ἐστὶν ἄνδρας αὐτοῖς ἡ μάχη δεδιότας οὕτως τὸν θάνατον, ἁπτομένους γονάτων καὶ προκυλιομένους τῶν ἑκάστου ποδῶν.

Müßiggang, sich zu fürchten: Die Feigen macht dies tapfer, die Waghalsigen vorsichtig.

(14.2) Folgende beide Fälle passieren den Heeren: Sie werden von Feinden so erschreckt, dass sie nicht bereit sind anzugreifen, oder sie sind so kühn, dass sie nicht bereit sind, irgendwelche Vorsicht walten zu lassen. An beides muss der *Strategos* seine Pläne anpassen und wissen, wann er durch Worte und Gestik den Gegner schwach erscheinen lassen muss und wann schrecklich und recht furchterregend.

(14.3) Wenn eine Schlacht geschlagen werden soll, das Heer aber die Kriegsentscheidung für unklar hält und von Angst verwirrt ist, muss der *Strategos*, wenn er irgend kann, Gefangene durch Hinterhalte oder Scharmützel ergreifen oder auch Leute, die aus ihrem eigenen Lager abtrünnig geworden sind. Wenn er sie als stark in Geist und Körper erkennt, soll er sie entweder sofort töten oder sie den ihm Unterstellten mit dem Befehl übergeben, sie zu bewachen, sodass nicht viele diese Männer sehen. Wenn sie aber schwach, feige und mutlos sind, soll er sie, nachdem er sie in seinem eigenen Zelt bedroht und ihre Seelen durch Furcht versklavt hat, weinend und bittend, wie sie sind, vor die Masse führen und den Soldaten zugleich sagen und zeigen, wie feige, elend und wertlos jene sind und wie sie die Schlacht nur gegen solche Männer schlagen, die so große Angst vor dem Tod haben, die Knie (als Schutzflehende) umklammern und sich vor jedermanns Füße niederwerfen.

(14.4) ἐπαναθαρρεῖ γὰρ ἐπὶ τούτοις ὁ στρατὸς ἤδη προκατανενοηκὼς τῶν πολεμίων ὄψεις τε καὶ πάθη ψυχῆς· ἀεὶ γάρ, ὃ μηδέπω τις ἑώρακεν, ἐλπίζει μεῖζον γενήσεσθαι τῆς ἀληθείας°, ἔτι καὶ τῷ τοῦ μέλλοντος φόβῳ τὴν ἐλπίδα μετρεῖ πρὸς τὸ χαλεπώτερον.

(15.1) τάξις δ' οὐ μία πολέμου, πολλαὶ δὲ καὶ [*fol.* 208v] διάφοροι καὶ παρὰ τοὺς ὁπλισμοὺς καὶ παρὰ τοὺς στρατευομένους καὶ παρὰ τοὺς τόπους καὶ παρὰ τοὺς ἀντιπολέμους, ὧν τὰς διαφορὰς ὁ στρατηγὸς ἐπ' αὐτῶν εἴσεται τῶν καιρῶν· ἃ δ' ἂν οὐχ ἥκιστα πολλαῖς ἁρμόζοι παρατάξεσι δίχα τῶν ἐπ' αὐτῶν τῶν πραγμάτων ἀνάγκην ἐχουσῶν νοεῖσθαι, ταῦθ' ὡς ἐν κεφαλαίῳ δίειμι.

(16.1) ἱππεῖς μὲν δὴ στρατηγὸς οὐχ οὕτως, ὡς βούλεται, μᾶλλον δ' ὡς ἀναγκάζεται, τάξει· πρὸς γὰρ τὸ ἀντιπόλεμον ἱππικὸν καὶ τὸ ἴδιον στήσει. ταττέτω δ' ὡς τὰ πολλὰ κατὰ τὰς ἐκ παρατάξεως μάχας ἐπὶ κέρως°, ἵνα καὶ κατὰ πρόσωπον καὶ ἐκ πλαγίων προσβάλλοντες καὶ τόπῳ μείζονι χρώμενοι, μεθ' οὓς οὐκ ἔτ' ἄλλοι τεταγμένοι τυγχάνουσιν, ἔχωσιν ἀποχρῆσθαι τῇ τῆς ἱππικῆς ἐπιστήμῃ.

(17.1) ψιλοὺς δέ, ἀκοντιστὰς <καὶ τοξότας> καὶ σφενδονήτας, πρώτους πρὸ τῆς φάλαγγος τάξει· κατόπιν μὲν γὰρ ὄντες πλείονα κακὰ διαθήσουσι

(14.4) Damit wird das Heer wieder ermutigt, weil es das Aussehen und die Seelenleiden der Feinde vorab kennt. Was nämlich ein Mann nie gesehen hat, stellt er sich immer größer vor, als es in Wirklichkeit ist. Auch wegen der Angst vor der Zukunft misst er seine Befürchtungen mit Bezug auf ein schlimmeres Ergebnis.

(15.1) Die Aufstellung zum Krieg ist nicht von nur einer einzigen Art, sondern vielfältig und verschieden, je nach Rüstung, Kriegführenden, Gegenden und Kriegsgegnern. Diese Varianten muss der *Strategos* zu den jeweiligen Zeitpunkten selbst kennen. Was nicht zuletzt zu großen Formationen gehört, will ich, ohne die Sachzwänge der Dinge dabei genau zu berücksichtigen, wie in einem Übersichtskapitel durchgehen.

(16.1) Die Reiter stellt der *Strategos* nicht so auf, wie er will, sondern so, wie er gezwungen ist: Vor der Reiterei des Kriegsgegners wird er die eigene stehen lassen. Aufstellen muss er sie meistens wie bei Schlachten aus der Gegenüberstellung (der Fronten) an den Flügeln, damit er sowohl von vorne als auch an den Flanken angreifen und einen größeren Platz nutzen kann, sofern nicht etwa andere Soldaten auf ihrer Rückseite aufgestellt sind. So mögen sie ihre Fähigkeiten in der Reiterei einsetzen können.

(17.1) Die Leichtbewaffneten – Speerwerfer, Bogenschützen und Schleuderer – stellt man zunächst *vor* die Phalanx. Wenn sie nämlich *hinter* ihr stehen, werden sie den eigenen Leuten mehr Schaden zufügen als dem Feind, und wenn sie

τοὺς ἰδίους ἢ τοὺς πολεμίους, ἐν μέσοις δ' αὐτοῖς ἄπρακτον ἕξουσι τὴν ἰδίαν ἐμπειρίαν, οὔθ' ὑποχωρεῖν ἀνὰ πόδα δυνάμενοι κατὰ τὴν ἀνά[σ]τασιν τῶν ἀκοντίων <οἱ ἀκοντίσται>, οὔτ' ἐξ ἐπιδρομῆς βαλεῖν προηγουμένων ἄλλων καὶ παρὰ ποσὶν ὄντων, οὐδὲ μὴν οἱ σφενδονῆται κυκλόσε τὸν δ[ε]ῖνον ἀποτελεῖν τῆς σφενδόνης παρὰ πλευρὰν ἑστώτων φιλίων ὁπλιτῶν καὶ πρὸς τὸν ῥόμβον ἀντιπ<τ>αιόντων, οἵ τε τοξόται προϊόντες μὲν τῶν ἄλλων εἰς αὐτὰ τὰ σώματα καὶ κατὰ σκοπὸν ἐκτοξεύουσι τὰ βέλη, μετὰ δὲ τοὺς λόχους ἢ ἐν αὐτοῖς μέσοις ὄντες εἰς ὕψος τοξεύ[σ]ουσιν, ὥστε πρὸς μὲν τὴν ἄνω φορὰν τόνον ἔχειν τὸ βέλος, αὖθις δέ, κἂν κατὰ κεφαλῆς πίπτῃ τῶν πολεμίων, ἐκλελύσθαι καὶ μὴ πάνυ τι λυπεῖν τοὺς ἐχθρούς.

(18.1) εἰ δὲ συμβαίνοι γίγνεσθαι τὴν μάχην ἐν χωρίοις τινὰς μὲν χθαμαλούς τινας δὲ βουνοειδεῖς ἔχουσι τόπους, τότε δὴ μάλιστα τοὺς ψιλοὺς ἐν τοῖς τραχέσιν ταττέτω, καὶ δή, κἂν αὐτὸς τὰ πεδινὰ κατειλημμένος ᾖ, τῶν δὲ πολεμίων μέρη τινὰ τῆς φάλαγγος ὀχθώδεις διακατέχῃ τόπους, κατὰ τούτους ἐπαγέτω τοὺς ψιλούς· ῥᾷόν τε γὰρ βαλόντες ὑποχωροῦσιν ἀπὸ τῶν τραχέων, ῥᾷστά τε τοῖς ἀνάντεσιν ἐπαναθέουσιν, <ἂν> ἐλαφροὶ τυγχάνωσιν.

mitten unter ihnen stehen, werden sie ihre eigenen Fähigkeiten nicht nützen können, weil die Speerwerfer nicht in der Lage sein werden, für das Werfen der Speere einen Schritt rückwärts zu machen, und auch nicht, sie im Laufschritt zu werfen, da andere vor ihnen stehen. Auch die Schleuderer können das Wirbeln ihrer Schlingen nicht ausführen, da ihre eigenen Schwerbewaffneten an ihrer Seite stehen und straucheln, wenn sie den wirbelnden Schlingen ausweichen. Wenn die Bogenschützen vor den anderen laufen, werden sie ihre Pfeile auf die Körper (der Feinde) wie auf ein Ziel schießen; wenn sie jedoch hinter den Reihen oder in ihnen stehen, werden sie in die Höhe schießen, womit die Pfeile nur für ihre Aufwärtsbewegung Antrieb haben, danach aber, selbst wenn sie auf die Köpfe der Feinde fallen, ihre Kraft vertan haben und den Gegnern nicht viel Schaden zufügen.

(18.1) Wenn es sich ergibt, dass die Schlacht in einem Gebiet stattfindet, das an einigen Stellen eben ist, an anderen hügelig, dann soll man insbesondere die Leichtbewaffneten an die rauen Orte stellen. Wenn man die Ebene eingenommen hat und Abteilungen der feindlichen Phalanx die Höhen besetzt haben, soll man gegen sie die Leichtbewaffneten entsenden. Einfacher können diese sich ja nach dem Wurf aus unebenem Gelände zurückziehen, ganz einfach auch denen folgen, die bergauf gehen, sofern sie nur mit leichten Waffen ausgerüstet (*elaphroi*) sind.

(19.1) ἔστω δὲ διαστήματα κατὰ τὰς τάξεις, ἵν', ἐπειδὰν ἐκκενώσωσιν ἔτι προαγόντων τῶν πολεμίων τὰ βέλη, πρὶν εἰς χεῖρας ἐλθεῖν τὰς φάλαγγας, ἐπιστρέψαντες ἐν κόσμῳ διεξίωσιν [*fol.* 209r] μέσην τὴν φάλαγγα καὶ ἀταράχως ἐπὶ τὴν οὐραγίαν ἀποκομισθῶσιν· οὔτε γὰρ κυκλεύειν αὐτοὺς ἅπαν τὸ στράτευμα καὶ κάμπτειν κατὰ κέρας ἀσφαλές ἐστι – τάχα γάρ που φθάσουσιν αὐτοὺς ἐν τούτῳ συμμίξαντες οἱ πολέμιοι καὶ μέσους ἀπολαβόντες –, οὔτε διὰ τῶν πεπυκνωμένων βιάζεσθαι, καὶ εἰς τὰ ὅπλα ἐμπίπτοντας τάραχον ἐμποιεῖν ταῖς τάξεσιν ἄλλου πρὸς ἄλλον ἐνσείοντος.

(19.2) αἱ δὲ κατὰ κέρας ἔφοδοι τῶν ψιλῶν πλείονα λυμαίνονται τοὺς πολεμίους, ἐκ πλαγίων ἀκοντιζόντων καὶ εἰς τὰ γυμνὰ παραβιαζομένων παίειν.

(19.3) ἡ δὲ τῆς σφενδόνης ἄμυνα χαλεπωτάτη τῶν ἐν τοῖς ψιλοῖς ἐστιν· ὅ τε γὰρ μόλιβδος ὁμόχρους ὢν τῷ ἀέρι λανθάνει φερόμενος, ὥστ' ἀπροοράτως ἀφυλάκτοις τοῖς τῶν πολεμίων ἐμπίπτειν σώμασιν, αὐτῆς τε τῆς ἐμπτώσεως σφοδρᾶς οὔσης καὶ ὑπὸ τοῦ ῥοίζου τριβόμενον τῷ ἀέρι τὸ βέλος ἐκπυρωθὲν ὡς βαθυτάτω δύεται τῆς σαρκός, ὥστε μηδ' ὁρᾶσθαι, ταχὺ δὲ καὶ τὸν ὄγκον ἐπιμύειν.

(19.1) Es soll Zwischenräume in den Stellungen geben, sodass die Leichtbewaffneten, wenn sie ihre Geschosse verbraucht haben, während die Feinde noch vorrücken, noch vor dem Aufeinandertreffen der beiden Phalangen in guter Ordnung kehrtmachen, durch die Mitte der Phalanx gehen und sich unbehelligt an deren Schwanz (Ende der Formation; s. o. 6.4) zurückziehen können. Das ganze Heer zu umrunden und um die Flügel herumzugehen, ist nicht sicher – rasch nämlich können die Feinde sie bei diesem Manöver vernichten und mitten darin abfangen. Auch ist es nicht sicher, durch die verdichteten Reihen einen Weg zu erzwingen, wo sie auf die Waffen fallen und Verwirrung in den Stellungen verursachen würden, wenn einer gegen den anderen stolpert.
(19.2) Angriffe der Leichtbewaffneten an den Flügeln verursachen dem Feind mehr Verluste, denn sie werfen ihre Speere von der Seite und damit notwendig auf den Körperteil, der ungeschützt ist.
(19.3) Die Schleuder ist die gefährlichste Waffe der Leichtbewaffneten, weil das Schleuderblei die gleiche Farbe wie die Luft hat und in seinem Lauf unsichtbar ist, sodass es unvorhergesehen auf die ungeschützten Körper der Feinde fällt. Ja, nicht nur die Wirkung selbst ist heftig, sondern auch das Geschoss, das von der Wucht durch die Luft erhitzt wird und daher das Fleisch sehr tief durchdringt, sodass es nicht mehr sichtbar ist und rasch vom Geschwür umschlossen wird.

(20.1) εἰ δὲ αὐτὸς μὲν ἐνδεὴς εἴη τῆς τῶν ψιλῶν συμμαχίας, οἱ δὲ° πολέμιοι ταύτῃ πλεονεκτοῖεν, οἱ μὲν° πρωτοστάται πυκνοὶ πορευέσθων ἔχοντες ἀνδρομήκεις° θυρεούς, ὥστε σκέπειν ὅλα τὰ σώματα τοῖς [ἀνδρο]μήκεσιν, οἱ δὲ μετὰ τούτους καὶ οἱ κατόπιν τούτων ἄχρι τῶν τελευταίων ὑπὲρ κεφαλῆς ἀράμενοι τοὺς θυρεοὺς τέως ἐχόντων, ἄχρι ἂν ἐντὸς γένωνται° βέλους· οὕτως γάρ, ὡς εἰπεῖν, κεραμωθέντες οὐθὲν πείσονται δεινὸν ὑπὸ τῶν ἑκηβόλων.
(20.2) εἰ δὲ παρ' ἑκατέροις ἡ τῶν ψιλῶν εἴη βοήθεια, πρῶτοι πρὸ τῆς ἐκ χειρὸς μάχης ἀκροβολιζέσθων τοῖς ἀντιπάλοις, ἢ μετὰ τὴν συμπλοκὴν τῆς φάλαγγος ἐκ πλαγίων ἐπιθέοντες ἀποχρήσθων τοῖς βέλεσιν· συνελαύνονται γὰρ εἰς ὀλίγον καὶ οὐχ ἧττον θορυβοῦνται τοῖς τοιούτοις ἀμυντηρίοις.

(21.1) τὰς δὲ κυκλώσεις φυλάττεσθαι βουλόμενος μήθ' οὕτως ἐπὶ μῆκος ἐκτεινέτω τὴν δύναμιν, ὥστε πάμπαν ἀσθενῆ καὶ ἀβαθῆ ποιῆσαι τὴν φάλαγγα – ταχὺ γάρ που συμβαίνει τοὺς πολεμίους διαρρήξαντας αὐτὴν δίοδον ποιεῖσθαι, καὶ μηκέτι παρὰ κέρας ἐνεργεῖν ταῖς κυκλώσεσιν, ἀλλὰ διεκπεσόντας μέσους κατὰ νώτου γίγνεσθαι τῶν ἐναντίων· τὸ δὲ αὐτὸ μὴ μόνον φυλαττέσθω παθεῖν, ἀλλὰ καὶ ζητείτω ποιεῖν, ἐὰν ἀσθενῆ καὶ λεπτὴν κατανοήσῃ τὴν τῶν πολεμίων° φάλαγγα –, μήθ' οὕτως ἐπ' οὐρὰν συστελλέτω τὴν παράταξιν εἰς πολὺ βάθος

(20.1) Wenn einem aber die Hilfe von Leichtbewaffneten fehlt, während die Feinde eine große Zahl von ihnen haben, soll man die vorne Stehenden dicht marschieren lassen, wobei sie ihre (großen rechteckigen) Türschilde halten, groß genug, um den ganzen Körper zu schützen. Die hinter ihrem Rücken bis zum letzten Glied sollen die Türschilde über ihre Köpfe heben (also die Schildkrötenformation *testudo* bilden) und so halten, wenn sie in Reichweite der Geschosse kommen. So werden sie sozusagen unter einem Dach nichts Schreckliches von den Geschossen erleiden.
(20.2) Wenn es aber auf beiden Seiten Unterstützung von Leichtbewaffneten gibt, soll man die eigenen Leichtbewaffneten als erste vor dem Handgemenge auf die Gegner zielen oder aber nach dem Zusammenstoß der Phalanx von der Seite her angreifen und ihre Geschosse nutzen lassen. So nämlich werden (die Feinde) in einen engen Raum gezwungen und durch solche Maßnahmen nicht wenig verwirrt.

(21.1) Wer sich vor der Umzingelung schützen will, soll seine Streitkraft nicht so in die Breite ausdehnen, dass er die Phalanx ganz schwach und ohne Tiefe macht – schnell geschieht es dann ja, dass die Feinde sie durchbrechen, einen Durchmarsch machen und nicht mehr über die Flügel die Umzingelung erreichen, sondern mitten hindurchstoßen und so im Rücken der Gegner sind. Davor, dies zu erleiden, muss man sich schützen und auch danach streben, es selbst zu tun, wenn man die Phalanx der Feinde als schwach und dünn wahrnimmt. Auch soll man die Aufstellung nicht an den Schwanz (s. o. 6.4)

ὑποστέλλων°, [*fol.* 209v] ὥστ’ ἐκ τοῦ ῥᾴστου τοὺς πολεμίους ὑπερκεράσαντας ἐντὸς αὐτὴν λαβεῖν.

(21.2) ἰσχυροποιείτω μέντοι° γε τὴν οὐραγίαν καὶ τοὺς παρὰ πλευρὰν τῶν κεράτων μὴ ἔλαττον τῶν πρωτοστατῶν· οὐχ ἧττον γὰρ ἀποκωλύουσιν οἱ κατ’ οὐρὰν τὰς κυκλώσεις τῶν ἐπὶ κέρας ἐκτεινομένων, ἐὰν ἤτοι φθάσας ὁ στρατηγὸς τὸ μέλλον ἁπλώσας τὴν οὐραγίαν <καὶ παρὰ τὰ κέρατα τῆς φάλαγγος ἀναβιβάσας> ἑκατέρωθεν παραστήσῃ τοὺς κατόπιν εἰς τὸ πρόσωπον τῶν πολεμίων, ἢ καὶ παραγγείλῃ τοῖς ἐφθασμένοις ἤδη κυκλωθῆναι τὰ νῶτα τοῖς τῶν προηγουμένων νώτοις ἐγκλίνοντας ἀμφίστομον ποιεῖσθαι τὴν μάχην.

(21.3) ἀγχίνους μὲν στρατηγός τις° πολλοὺς ὁρῶν τοὺς πολεμίους αὐτὸς ἐλάττοσι° στρατιώταις μέλλων κινδυνεύειν ἐξελέξατο καὶ ἐπετήδευσε τοιούτων ἐπιτυχεῖν τόπων, ἐν οἷς ἢ παρὰ ποταμίαν ὀφρὺν ταξάμενος ἀπωθεῖται° ταύτῃ τὴν κύκλωσιν τῶν πολεμίων, ἢ παρώρειαν ἐκλεξάμενος αὐτοῖς τοῖς ὄρεσιν ἀποκλείσει τοὺς ὑπερκεράσ<αι> βουλομένους, ὀλίγους ἐπιστήσας ἐπὶ τῶν ὑψηλῶν τοὺς ἀποκωλύσοντας ὑπὲρ κεφαλὴν ἀναβάντας γίγνεσθαι τοὺς πολεμίους.

(21.4) οὐ μὴν ἡ στρατηγικὴ φρόνησις ἐνταῦθα συλλαμβάνεται μόνον, ἀλλὰ καὶ ἡ τύχη· δεῖ γὰρ ἐπιτυχεῖν τοιούτων χωρίων· οὐ γὰρ αὐτῷ γε κατασκευάσασθαι δυνατὸν <τοὺς> τόπους· τῶν ὄντων μέντοι τοὺς ἀμείνους ἐκλέξασθαι καὶ τοὺς συνοίσοντας ἐννοῆσαι φρονίμου.

schicken und in großer Tiefe aufstellen, womit es ein Leichtes würde, dass die Feinde einen überflügeln und von innerhalb ergreifen.
(21.2) Vielmehr soll man den Schwanz und die Leute an den Flanken der Flügel nicht schwächer machen als die im ersten Glied. Nicht weniger als die am Flügel Ausgebreiteten werden nämlich die am Schwanz die Umzingelungen verhindern, jedenfalls wenn der *Strategos* diesen zuvorkommt. Dies wird geschehen, wenn er an den Flügeln der Phalanx entlanggeht und auf beiden Seiten die Männer hinten so aufstellt, dass sie den Feinden gegenüberstehen, oder wenn er denen, die bereits umzingelt sind, befiehlt, sich Rücken an Rücken zu drehen und die Schlacht zweiseitig (also mit doppelter Front) zu schlagen.
(21.3) Ein scharfsinniger *Strategos*, der sieht, dass er vielen Feinden mit weniger Soldaten entgegentreten muss, wird solche Orte auswählen und sich um solche bemühen, an denen entweder durch Aufstellung am Rand eines Ufers die Umzingelung durch die Feinde dort vermieden wird oder an denen er durch Auswahl eines Bergrands mittels der Berge selbst diejenigen ausschließt, die ihn überflügeln wollen. Dazu stellt er wenige auf den Höhen auf, die verhindern, dass die Feinde über den Kopf (der Phalanx) hinauskommen können.
(21.4) Nicht nur die strategische Vernunft wird sich hier wirksam zeigen, sondern auch das Glück; es ist ja nötig, das Glück zu haben, solche Orte zu finden, denn man kann die Plätze nicht vorbereiten. Von den vorhandenen freilich die besseren auszuwählen und an die vorteilhafteren zu denken, ist Sache des Vernünftigen.

(21.5) πολλάκις δὲ εἰώθασιν οἱ μεγάλῃ δυνάμει καὶ πολυάνδρῳ κεχρημένοι μηνοειδὲς σχῆμα ποιήσαντες τῆς παρατάξεως ἐπιέναι, νομίζοντες ὅτι προσάγονται τοὺς πολεμίους καὶ κατ' ἄνδρα βουλομένους συνάπτειν, εἶτα κατὰ τὸ ἡμικύκλιον ἔνδον° κυρτουμένους ἐναπολήψονται τῷ περιέχοντι κόλπῳ, τὰς ἰδίας κεραίας ἐπισυνάπτοντες ἀλλήλαις εἰς κύκλου σχῆμα.

(21.6) πρὸς οὓς ἀντεπακτέον οὐχ ὧδε· τριχῇ δὲ διελὼν τὴν ἰδίαν δύναμιν τῶν μὲν δυεῖν ἑκατέρῳ μέρει κατὰ κέρας προ<σ>βαλλέτω τοῖς πολεμίοις, τῷ δὲ ἑνί, τοῖς εἰς τὸν μέσον κόλπον τοῦ μηνοειδοῦς ἀντιπαρατεταγμένο<ι>ς, ἐναντίος ἑστάτω καὶ μὴ προαγέτω· ἢ° γὰρ μένοντες ἐπὶ τοῦ κυκλοειδοῦς σχήματος οἱ κατὰ μέσην τὴν φάλαγγα τεταγμένοι τῶν ἐχθρῶν ἄπρακτοι μηδὲν δρῶντες ἑστήξονται, ἢ προϊόντες εἰς τοὔμπροσθεν, εἰ βούλοιντο προάγειν φαλαγγηδὸν εἰς εὐθεῖαν ἐκ τοῦ σιγματοειδοῦς ἁπλούμενοι σχήματος, ἀλλήλους ἐκθλίψουσι καὶ λύσουσι τὴν τάξιν – τῶν γὰρ ἐπὶ κέρως ἐπὶ τῆς αὐτῆς μενόντων χώρας° καὶ μαχομένων [*fol.* 210r] οὐχ οἷόν τε τὸ ἡμικύκλιον εἰς εὐθεῖαν ἀνελθεῖν –· ἔνθα δὴ τεταραγμένων αὐτῶν καὶ λελυκότων τὴν τάξιν τῷ τρίτῳ τάγματι καὶ ἐφέδρῳ προσβαλλέτω τοῖς ἀπὸ τοῦ μέσου κυρτώματος προάγουσιν ἀτάκτως εἰς τοὔμπροσθεν.

(21.5) Oft schon waren diejenigen, die über eine große und zahlreiche Streitkraft verfügten, gewohnt, eine Halbmondformation der Aufstellung zu bilden, weil sie glaubten, dass sie so die Feinde herauslocken könnten, die auch Mann gegen Mann kämpfen wollten. Wenn dann jene im Halbkreis nach innen zurückgebogen sind, würden sie jene mit dem sie umhüllenden Bogen umfangen, indem die eigenen Flügel sich miteinander in einer Kreisform zusammenschließen.
(21.6) Gegen diese soll man sich selbst nicht ebenso entgegenstellen. Vielmehr soll man die eigene Streitkraft in drei Teile aufteilen und zwei davon den Feinden beiderseits am Flügel gegenüberstellen, mit dem dritten aber, der mitten im Bogen des (Halb)monds entgegengestellt wird, eine Position gegenüber einnehmen und nicht vorrücken. Entweder nämlich bleiben in der (Halb-)kreisstellung diejenigen von den Gegnern, die in der Mitte der Phalanx aufgestellt sind, untätig, da sie nichts tun können, oder sie marschieren in das vor ihnen liegende Gebiet, wenn sie mit der ganzen Phalanx vorrücken wollen, und wechseln dabei von der Sigma-förmigen (gekrümmten) Formation in eine gerade, wobei sie sich gegenseitig bedrängen und die Ordnung verlieren, während die Flügel in der gleichen Position bleiben und kämpfen. Es ist ja unmöglich, dass man von einem Halbkreis zu einer Geraden zurückkehrt. Wenn sie dann verwirrt sind und ihre Formation aufgelöst ist, soll man die dritte, noch ruhende Einheit gegen diejenigen vorrücken lassen, die aus der Mitte des Bogens ungeordnet in das vor ihnen liegende Gebiet gelaufen sind.

(21.7) ἐὰν δὲ διαμένωσιν° ἐπὶ τοῦ κοίλου σχήματος, τοὺς ψιλοὺς καὶ ἑκηβόλους ἔνθα κατ' ἀντικρὺ ταττέτω· βάλλοντες γὰρ αὐτοὺς πολλὰ λυπήσουσιν.
(21.8) οὐ μὴν ἀλλὰ καὶ <εἰ> λοξῇ πάσῃ τῇ ἰδίᾳ φάλαγγι προσβάλλει κατὰ θάτερον κέρας τῶν πολεμίων, οὐκ ἂν ἁμάρτοι πρὸς τὴν ἐκ τοῦ μηνοειδοῦς σχήματος κύκλωσιν οὕτως ἀντεπιών· ἐπὶ πολὺ γὰρ οἱ ἐξ ἐναντίας εἰς χεῖρας ἰέναι πανστρατιᾷ κωλυόμενοι κατ' ὀλίγους κερασθήσονται, τῶν ἐπὶ θατέρου κέρως μόνων μαχομένων, οἳ καὶ πρῶτοι κατ' ἀνάγκην συμμίξουσι διὰ τὴν λοξὴν ἔφοδον.
(21.9) οὐκ ἄχρηστον δέ ποτε καὶ ἀντιπαραταξάμενον ὑπὸ πόδα τῷ στρατεύματι χωρεῖν, ὡς καταπεπληγμένον, ἢ καὶ ἐπιστρέψαντα παραπλησίαν φυγῇ ποιεῖσθαι τὴν ἐπιχώρησιν ἐν τάξει, εἶτ' αὖθις μεταβαλόμενον ἀντεπιέναι τοῖς ἐπιοῦσιν· ἐνίοτε° γὰρ ὑπὸ χαρᾶς οἱ πολέμιοι δόξαντες φεύγειν τοὺς ἐναντίους λύσαντες τὰς τάξεις ἐπικέονται° προπηδῶντες ἄλλων ἄλλοι, ἐφ' οὓς ἀκίνδυνον ἐπιστρέψαντας μάχεσθαι καὶ αὐτῷ τῷ παρ' ἐλπίδα τοῦ στῆναι θάρσει καταπληξαμένους εἰς φυγὴν αὖθις τοὺς πάλαι διώκοντας τρέπεσθαι.

(21.7) Wenn aber die Feinde in der konkaven Stellung bleiben, soll man die Leichtbewaffneten und Fernwerfer dort gegenüber aufstellen; wenn diese nämlich auf jene schleudern, werden sie viele verwunden.
(21.8) Wer aber mit der ganzen eigenen Phalanx schräg gegen einen der beiden Flügel der Feinde vorrückt, wird sicher, was die Umzingelung der Halbmondformation betrifft, keinen Fehler machen, wenn er so vorgeht. Lange werden ja die auf der anderen Seite daran gehindert, mit dem ganzen Heer ins Handgemenge zu kommen, und mit wenigen überflügelt werden, da nur die am anderen Flügel kämpfen, die wegen des schrägen Angriffs notwendigerweise als erste (mit den Gegnern) zusammentreffen müssen.
(21.9) Es ist manchmal nicht unnütz, auch bei Gegenüberstellung mit dem Heer etwas zurückzuweichen, als ob man erschreckt worden sei, oder gar kehrtzumachen und den geordneten Rückzug wie in einer Art Flucht durchzuführen, dann aber wieder umzukehren und die Verfolger anzugreifen. Manchmal haben nämlich die Gegner voll Freude an die Flucht geglaubt, haben ihre Stellungen aufgelöst und sind vorwärts gesprungen, der eine über den anderen. Es ist gefahrlos, sich gegen diese wendend zu kämpfen und diejenigen, die nach langer Verfolgung (der vermeintlich Flüchtenden) vor diesem wider Erwarten mutigen Akt des Stehenbleibens erschrecken, ihrerseits wieder zur Flucht zu wenden.

(22.1) ἐχέτω δέ που καὶ στρατιώτας λογάδας ἰδίᾳ τεταγμένους ἀπὸ τῆς φάλαγγος ὥσπερ ἐφέδρους τοῦ πολέμου πρὸς τὰ καταπονούμενα μέρη τῆς δυνάμεως, ἵν' ἐξ ἑτοίμου τοὺς ἐπικουρήσοντας ἐπάγῃ· καὶ ἄλλως οὐκ ὀλίγον ὤνησαν ἀκμῆτες ἐπελθόντες ἤδη κεκοπιακόσι· τούς τε γὰρ τεταλαιπωρηκότας ἤδη τῶν φίλων ἀνέλαβον καὶ τοῖς πολεμίοις ἐκλελυμένοις ἀκμάζοντες ἐπέθεντο.

(22.2) γίγνοιτο δ' ἄν τι καὶ τούτου χρησιμώτερον, ἐκ τῆς παρατάξεως ἀπωτέρω σταδίοις, ὁπόσοις ἂν ἀποχρῆν αὐτῷ δοκῇ, ἐκπέμψαι μέρος τι° τῆς αὑτοῦ στρατιᾶς ἀπροόρατον τοῖς πολεμίοις, παραγγείλας° σφίσιν, ἐπειδὰν συμβάλῃ τοῖς ἐναντίοις, τότε πυθομένους παρὰ τῶν σκοπῶν ἀναστάντας ἐπείγεσθαι· καὶ μάλιστα τοῦτο ποιητέον, ὅταν προσδόκιμος οὖσα συμμαχία τοῦ καιροῦ καθυστερῇ· δόξαντες γὰρ οἱ πολέμιοι τούτους ἐκείνους εἶναι καὶ συμμάχους ποθὲν ἥκειν τοῖς ἐναντίοις, ἴσως ἂν ἔτι καὶ προσιόντων πρὶν ἢ συμμῖξαι τοὺς ἐπιβάλλοντας εἰς φυγὴν ὁρμήσαιεν, οὐ τοσοῦτον, ὅσον ἐστίν, ἀλλὰ πλεῖον ἐπιέναι πλῆθος [*fol.* 210v] νομίζοντες.

(22.3) ἄλλως τε καὶ ἐν αὐτοῖς τοῖς δεινοῖς ἐπιφάνειαι πολεμίων ἀπειράστων ἐκπλήττουσι τὰς ψυχάς· προλαμβάνουσαι γάρ τι χεῖρον, οὗ πείσονται, φοβερώτερον ἐκδέχονται τὸ μέλλον.

(22.1) Man soll auch irgendwo noch ausgewählte Soldaten haben, die man von der Phalanx gesondert wie Kriegsreserven für die erschöpften Abteilungen der Streitkraft aufstellt, damit man diese Helfer bereit hat und einsetzen kann. Auch sonst nämlich waren die nicht von geringem Nutzen, wenn sie zu den schon Ermüdeten kamen: Sie lösten die Ausgelaugten der eigenen Seite ab und griffen in ihrer Frische die ermüdeten Feinde an.
(22.2) Es wäre noch vorteilhafter als dies, wenn man - von der Aufstellung so viele *Stadia* (s. o. S. 14) entfernt, wie es einem nötig scheint - eine Abteilung fortschickt, unvorhergesehen für die Feinde, und den Soldaten befiehlt, wenn es zum Aufeinandertreffen mit den Gegnern gekommen ist, dies über Späher in Erfahrung zu bringen, aufzustehen und dazuzustoßen. Dies ist besonders dann zu tun, wenn erwartete Verstärkungen zu spät für die Schlacht kommen. Die Feinde glauben dann ja, dass jene schon die Verstärkungen sind, die von irgendwoher für ihre Gegner ankommen. Vielleicht werden sie sich dann sogar, noch bevor diese Verstärkungen ankommen und sich mit den Kämpfenden vereinigen, zur Flucht wenden, weil sie meinen, dass nicht diese Streitkraft, so groß sie gerade ist, sondern noch eine größere Menge dazu komme.
(22.3) Außerdem erschreckt beim Schlachtbeginn selbst das Erscheinen unerwarteter Feinde die Seelen; sie nehmen etwas noch Schlimmeres an, das sie erfahren würden, und erfassen die Zukunft mit größerer Angst.

(22.4) ἐκπληκτικωτάτη δ', ἣ καὶ δραστικωτάτη μάλιστα πάντων, ἡ κατὰ νώτου <τῶν> πολεμίων αἰφνίδιος ἐπιβολή, εἴ πῃ δυνατὸν γένοιτο προεκπέμψαντι στρατιωτῶν σύνταγμα νύκτωρ ἐκπεριελθεῖν κελεῦσαι° τοὺς πολεμίους, ἵνα κατόπιν αὐτῶν γένωνται πάντες, ὥστε ἕωθεν ἀναστάντας ἐκ τῆς ἐνέδρας μετὰ τὸ συμμῖξαι πρὸς μάχην τὰ στρατεύματα κατὰ τὴν οὐραγίαν ἐπιφαίνεσθαι τοῖς πολεμίοις· οὐδὲ γὰρ φεύγουσιν <ἂν> ἔτι σφίσιν ἐλπὶς ἀπολείποιτο σωτηρίας, οὐδ' εἰς τοὐπίσω δυναμένοις ἐπιστραφῆναι διὰ τοὺς ἐξ ἐναντίας μαχομένους, οὐδ' εἰς τὸ πρόσω φέρεσθαι διὰ τοὺς κατόπιν ἐπικειμένους.

(23.1) καὶ δή ποτε παριππαζόμενος ἐμβοησάτω τοῖς φίλοις, εἰ μὲν ἐπὶ τοῦ δεξιοῦ τύχοι κέρως ὤν, »νικῶσιν ἄνδρες οἱ ἐπὶ τοῦ λαιοῦ τὸ δεξιὸν κέρας τῶν πολεμίων«, εἰ δ' ἐπὶ τοῦ λαιοῦ, νικᾶν λεγέτω τὸ φίλιον δεξιόν, ἐάν° τε καὶ κατ' ἀλήθειαν ᾖ τοῦτο γινόμενον ἐάν τε μή· καὶ γὰρ δὴ τὸ ψεῦδος ἀναγκαῖον εἰπεῖν, ὅπου »μέγα νεῖκος ὄρωρεν«· οἷον βοῆσαι πάλιν αὖ μακρὰν ἀποστατοῦντος τοῦ τῶν πολεμίων ἡγεμόνος ἢ ἐπὶ θατέρου κέρως <ὄντος> ἢ [ἐπὶ] τὰ μέσα συνέχοντος τῆς φάλαγγος, »τέθνηκεν ὁ τῶν πολεμίων στρατηγὸς« ἢ »βασιλεύς« ἢ ὅστις ἄν ποτε ᾖ[ν].
(23.2) καὶ ταῦτα χρὴ βοᾶν οὕτως, ὥσθ' ἅμα καὶ τοὺς πολεμίους κατακούειν· οἵ τε γὰρ φίλιοι τοὺς σφετέρους ἀκούοντες ἐπικυδεστέρους ἀναθαρροῦσι καὶ διπλάσιοι γίγνονται ταῖς προθυμίαις, οἵ τε ἐχθροὶ τὰ σφῶν αὐτῶν ἐλαττώματα

(22.4) Am schrecklichsten oder auch am allerwirksamsten ist ein plötzlicher Angriff im Rücken der Feinde: Wenn es irgendwie möglich ist, soll eine Abteilung von Soldaten mit dem Befehl vorausgeschickt werden, nachts um die Feinde herumzugehen, damit sie alle in ihrem Rücken sind, sodass diese Einheiten am Morgen aus dem Hinterhalt aufbrechen und nach dem Eintritt in die Schlacht am Schwanz (der Formation; s. o. 6.4) der Feinde erscheinen. Weder bliebe diesen dann ja durch Flucht eine Hoffnung auf Rettung noch wären sie, da die auf der anderen Seite sie bekämpfen, in der Lage kehrtzumachen, ebenso wenig nach vorne zu rücken, weil dann die in ihrem Rücken ihnen zusetzen.

(23.1) Manchmal soll man entlangreiten und den eigenen Leuten zurufen, wenn man gerade auf dem rechten Flügel ist: »Unsere Männer auf dem linken Flügel besiegen den rechten Flügel der Feinde«, oder wenn man auf der linken Seite ist, dass der eigene rechte Flügel siege, gleich, ob dies nun wahr ist oder nicht. Die Lüge ist ja notwendig, wenn »ein großer Streit entstanden ist« (Homer, *Ilias* 13.122). So soll man, wenn der Kommandant der Feinde nicht weit entfernt entweder an einem der beiden Flügel ist oder die Mitte der Phalanx hält, rufen: »Gestorben ist der *Strategos* der Feinde« oder »der König« oder wer auch immer es sein mag.
(23.2) Und dies soll man so laut rufen, dass auch die Feinde es hören können. Die eigenen Leute, die hören, dass ihre Seite erfolgreicher ist, werden so nämlich ermutigt und doppelt eifrig kämpfen. Die Gegner aber, die von den Rückschlägen

πυνθανόμενοι συγκαταπίπτουσι ταῖς διανοίαις, ὥστ’ ἔστιν ὅτε καὶ εἰς φυγὴν ἅμα τῷ δέξασθαι τοιαύτην φήμην ὁρμᾶν.
(23.3) οὕτως πολλάκις συνήνεγκεν καὶ τοὺς φιλίους ἅμα τοῖς πολεμίοις ἐξαπατῆσαι, τοῖς μὲν τὰ κρείττω, τοῖς δὲ τὰ χείρω ψευδόμενον.

(24.1) φρονίμου δὲ στρατηγοῦ καὶ τὸ τάττειν ἀδελφοὺς παρ’ ἀδελφοῖς, φίλους παρὰ φίλοις, ἐραστὰς παρὰ παιδικοῖς· ὅταν γὰρ ᾖ τὸ κινδυνεῦον τὸ πλησίον προσφιλέστερον, ἀνάγκη τὸν ἀγαπῶντα φιλοκινδυνότερον ὑπὲρ° τοῦ πέλας ἀγωνίζεσθαι· καὶ δή τις αἰδούμενος μὴ ἀποδοῦναι χάριν ὧν εὖ πέπονθεν αἰσχύνεται καταλιπὼν τὸν εὐεργετήσαντα πρῶτος αὐτὸς ἄρξαι [*fol.* 211r] φυγῆς.

(25.1) πᾶν δὲ παράγγελμα καὶ σύνθημα καὶ παρασύνθημα διδότω διὰ τῶν ἡγεμόνων· ἐπιόντα γὰρ κηρύττειν ἅπασιν ἰδιώτου καὶ ἀπείρου κομιδῇ καθέστηκεν, καὶ χρόνος ἐν τῷ παραγγέλλειν ἀναλίσκεται, καὶ θόρυβος ὁμοῦ πάντων° ἀλλήλους ἐρωτώντων· εἶθ’ ὁ μὲν προσέθηκέ τι πλεῖον ὧν ὁ στρατηγὸς εἶπεν, ὁ δ’ ἀφείλετο τοῦ ῥηθέντος παρὰ τὴν ἄγνοιαν.
(25.2) <δ>εῖ δὲ τοῖς πρώτοις ἡγεμόσιν εἰπεῖν, ἐκείνους δὲ ἀπαγγεῖλαι τοῖς μετ’ αὐτούς, εἶτα τούτους τοῖς° κατόπιν, εἶθ’ ἑξῆς ἄχρι τῶν τελευταίων, τοὺς πρώτους τοῖς ὑπὸ πόδα[ς] σημαίνοντας· οὕτως γὰρ ἐν τάχει καὶ μετὰ κόσμου

ihrer Leute erfahren, werden in ihrer Gesinnung zusammenbrechen, sodass sie manchmal die Flucht beginnen, sobald sie ein solches Gerücht hören.
(23.3) Auf diese Weise war es oft schon nützlich, zugleich die Freunde wie auch die Feinde zu täuschen, indem man für die ersteren Besseres, für die letzteren Schlechteres erschwindelt.

(24.1) Es ist Sache eines vernünftigen *Strategos*, Brüder neben Brüdern, Freunde neben Freunden und Liebhaber neben ihren Lieblingen aufzustellen. Wenn das, was in Gefahr ist, nahe steht, kämpft der Liebende notwendigerweise risikobereiter für den neben ihm und einer, der sich scheut, einen Gefallen nicht zu erwidern, den er erhalten hat, schämt sich, als erster den Wohltäter zu verlassen und mit der Flucht zu beginnen.

(25.1) Jeden Befehl, jede Losung und jede Parole soll man über die Kommandanten erteilen; persönlich zu allen zu kommen und zu verkünden, ist ja Sache eines Unprofessionellen und ganz und gar Unerfahrenen. Auch wird Zeit für die Befehlsübermittlung verbraucht; zugleich entsteht Unruhe, wenn sich alle zugleich gegenseitig fragen; zudem hat der eine etwas zu dem hinzugefügt, was der *Strategos* gesagt hat, der andere etwas vom Gesagten aus Unwissenheit weggelassen.
(25.2) Man muss es den ranghöchsten Kommandanten sagen; diese müssen es den ihnen Nachgeordneten weitermelden und die dann denen hinten, bis es zu den letzten gekommen ist, wobei jeweils die ersten es denen anzeigen, die ihnen unterstellt sind. So werden (die Meldungen)

καὶ μεθ’ ἡσυχίας εἴσονται, παραπλησίου τοῦ παραγγέλματος τοῖς φρυκτωροῦσι γιγνομένου· (25.3) καὶ γὰρ ἐκείνων, ὅταν ὁ πρῶτος ἄρῃ τὸν φρυκτόν, ὁ δεύτερος τῷ μετ’ αὐτὸν ἐπύρσευσεν, εἶθ’ ὁ τρίτος τῷ τετάρτῳ, <καὶ τέταρτος πέμπτῳ,> καὶ πέμπτος ἕκτῳ καὶ καθ’ ἕνα πάντες ἀλλήλοις, ὥστ’ ἐν ὀξεῖ διὰ μήκους σταδίων τὸ σημανθὲν ὑπὸ τοῦ πρώτου πάντας ἐπιγνῶναι.

(26.1) τὸ δὲ παρασύνθημα μὴ διὰ φωνῆς λεγέσθω, ἀλλὰ διὰ σώματος γινέσθω, ἢ νεύμα<τι> χειρὸς ἢ ὅπλων συγκρούσει ἢ ἐγκλίσει δορατίου ἢ παραφορᾷ ξίφους, ἵνα μὴ μόνον γενομένης ποτὲ ταραχῆς πιστεύσωσι τῷ λεγομένῳ συνθήματι – τοῦτο γὰρ δύνανται καὶ πολέμιοι καταλαβέσθαι πολλάκις ἀκούοντες –,ἀλλὰ καὶ τῷ παρασυνθήματι.
(26.2) χρησιμώτατον δέ που τοῦτο καὶ πρὸς τὰς ἑτερογλώσσους συμμαχίας τῶν ἐθνῶν· οὔτε γὰρ λέγειν οὔτε ξυνιέναι δυνάμενοι φωνῆς ἀλλοτρίας αὐτῷ τῷ παρασυνθήματι κρίνουσι τό τε φίλιον καὶ <τὸ> πολέμιον. διδόσθω δὲ ταῦτα, κἂν μὴ μάχεσθαι μέλλωσιν, ἐν ταῖς παρεμβολαῖς πρὸς τὰς ἀδήλους ταραχάς.

(27.1) παραγγελλέτω δὲ καὶ τὰς ὑποχωρήσεις ἐν τάξει ποιεῖσθαι καὶ τὰς διώξεις, ἵνα ἧττόν τε σφαλλόμενοι βλάπτωνται μὴ κατ’ ἄνδρα σπο-

rasch, geordnet und in Ruhe übertragen, ähnlich wie eine Botschaft, die mit Feuersignalen vermittelt wird.
(25.3) Nachdem nämlich bei diesen der erste sein Feuer entzündet hatte, zündete der zweite es für den nach ihm an, dann der dritte für den vierten und der vierte für den fünften und der fünfte für den sechsten und einer nach dem anderen, sodass mit Schnelligkeit über eine Distanz von vielen *Stadia* (s. o. S. 14) das vom ersten Angezeigte allen bekannt wird.

(26.1) Es soll die Parole (mit der man auf die Nennung der ausgegebenen Losung reagiert) nicht mit der Stimme gesagt werden, sondern durch den Körper erfolgen, etwa durch eine Handbewegung, durch das Zusammenstoßen von Waffen, das Anheben eines Speeres oder durch eine Seitenbewegung des Schwertes, damit man nicht nur, wenn es einmal Unruhe gibt, der gesprochenen Losung vertraut – diese können ja auch Feinde aufnehmen, die sie oft hören –, sondern auch der Parole.
(26.2) Dies ist besonders nützlich bei anderssprachigen Verbündeten (fremder) Stämme; sie können ja die ihnen fremde Sprache weder sprechen noch verstehen, sondern unterscheiden zwischen Freund oder Feind durch diese Parole. Man soll sie, auch wenn man nicht gleich kämpfen will, in den Lagern als Schutz vor unklaren Verwirrungen ausgeben.

(27.1) Man soll sowohl Rückzüge als auch Verfolgungen in Formation anordnen, damit die Soldaten, wenn sie besiegt sind, weniger Verletzungen

ράδες ἐν ταῖς φυγαῖς ὑποπίπτοντες τοῖς πολεμίοις, πλέονά τε κατορθοῦντες βλάπτωσι κατὰ τάξεις καὶ λόχους ἰσχυρότεροι τοῖς φεύγουσιν ἐπιφαινόμενοι, πρὸς δὲ καὶ ἀσφαλέστεροι· πολλάκις γὰρ ἀτά[ρα]κτως ἐπιφερομένους οἱ πολέμιοι θεασάμενοι συμφρονήσαντες αὖθις ἐκ μεταβολῆς αὐτῶν καταστάντες εἰς τάξιν παλίντροπον ἐποιήσαντο τὴν δίωξιν· ὅλως δὲ μηδέν σφισιν ἄμεινον εἶναι λεγέτω τοῦ μένειν ἐν τάξει μηδ' ἐπισφαλέστερον τοῦ λύειν.

(28.1) μεμελημένον δ' ἔστω τῷ στρατηγῷ λαμπρὸν ἐκτάττειν τὸ στράτευμα [*fol.* 211v] τοῖς ὅπλοις, ῥᾳδία δ' ἡ φροντὶς αὕτη παρακαλέσαντι τὰ ξίφη θήγειν καὶ τὰς κόρυθας καὶ τοὺς θώρακας σμήχειν· δεινότεροι γὰρ οἱ ἐπιόντες φαίνονται λόχοι τοῖς τῶν ὅπλων αἰθύγμασι°, καὶ πολλὰ τὰ δι' ὄψεως δείματα προεμπίπτοντα ταῖς ψυχαῖς ταράττει τὸ ἀντιπόλεμον.

(29.1) ἐπαγέτω δὲ τὸ στράτευμα ἀεὶ° σὺν ἀλαλαγμῷ, ποτὲ δὲ καὶ σὺν δρόμῳ· καὶ γὰρ ὄψις καὶ βοὴ καὶ πάταγος ὅπλων ἐξίστησι τὰς τῶν ἐναντίων διανοίας.
(29.2) ἀνατεινόντων δὲ κατὰ τὰς ἐφόδους ἀθρόοι, πρὶν εἰς χεῖρας ἐλθεῖν, ὑπὲρ τὰς κεφαλὰς μετέωρα τὰ ξίφη πρὸς τὸν ἥλιον θαμὰ παρεγκλίνοντες· ἐσμηγμέναι γὰρ αἰχμαὶ καὶ λαμπρὰ ξίφη καὶ ἐπάλληλα παραμαρμαίροντα

erleiden, als wenn sie auf ihrer Flucht Mann für Mann zerstreut den Feinden begegnen. Wenn sie erfolgreich sind und geordnet bleiben, werden sie in Reih und Glied den fliehenden (Feinden) stärker erscheinen und dazu selbst sicherer bleiben. Oft schon haben ja die (unterlegenen) Feinde gesehen, dass sie wieder ungeordnet aufbrechen, es sich noch einmal überlegt, sich nach einer Kehrtwendung in Ordnung als deren Gegner aufgestellt und die Verfolgung aufgenommen. Kurz: Man soll sagen, dass für sie nichts besser ist, als in der Ordnung zu bleiben, und nichts gefährlicher, als sie aufzulösen.

(28.1) Kümmern soll sich der *Strategos* darum, das Heer mit den Waffen glänzend aufzustellen; diese Überlegung erfordert nur den einfachen Befehl, die Schwerter zu schärfen und Helme und Brustpanzer zu polieren. Schrecklicher nämlich erscheinen die voranschreitenden Reihen durch den Schimmer der Waffen; durch deren Anblick kommt viel Angst in die Seelen und verwirrt den Kriegsgegner.

(29.1) Heranführen soll man das Heer immer mit Kriegsgeschrei, manchmal auch im Laufschritt; der Anblick, das Geschrei und das Geklirr von Waffen bringen die Gesinnung der Gegner außer Fassung.
(29.2) Ausdehnen sollen sie sich bei den Angriffen gemeinsam, bevor sie zum Handgemenge kommen, wobei sie ihre Schwerter hoch über ihren Köpfen in Richtung Sonne schwenken: Die polierten Speerspitzen und blitzenden Schwerter, die im dichten Verbund glänzen und das Licht der Sonne reflektieren, schicken einen schrecklichen

πρὸς ἀνταύγειαν ἡλίου δεινὴν ἀστραπὴν πολέμου προ[σ]εκπέμπει· καὶ ταυτὶ μὲν εἰ γίγνοιτο καὶ παρὰ τοῖς πολεμίοις, ἀντικαταπλήττειν ἀναγκαῖον, εἰ δὲ μή, προεκπλήττειν.
(29.3) ἐνίοτε δέ ποτε χρήσιμον ἐν καιρῷ μὴ φθάνειν ἐκτάττοντα τὴν δύναμιν, ἀλλὰ τέως ἐντὸς τοῦ χάρακος κατέχειν, ἄχρι ἂν κατοπτεύσῃ τὴν τῶν πολεμίων παράταξιν, ὁποία τίς ἐστι καὶ ὡς τέτακται καὶ ἐφ' οἵων ἵσταται χωρίων.

(30.1) εἶτά που τότε συλλογισάμενον, τίνας τίσιν ἀντιτάττειν χρὴ καὶ τίνα τρόπον, ὥσπερ ἀγαθὸν ἰατρὸν προκατανοήσαντα νόσον σώματος ἀντεπάγειν τὰ ἀλεξήματα καὶ τὴν δύναμιν ἐκτάττειν, ὡς ἂν ἄριστ' αὐτῷ δόξαι συμφέρειν· ἀναγκάζονται γὰρ οἱ στρατηγοὶ πολλάκις καὶ πρὸς τοὺς ὁπλισμοὺς τῶν ἐναντίων καὶ πρὸς τὰ ἔθνη καὶ πρὸς τὰ ἤθη τὰ ἴδια στρατεύματα κοσμεῖν καὶ παρατάττειν.

(31.1) ἱπποκρατούντων δὲ τῶν πολεμίων, ἐὰν ᾖ δυνατόν, ἐπιλεγέσθω χωρία τραχέα καὶ στενὰ καὶ παρ' ὄρη, <ἃ> ἥκιστα ἱππάσιμα, ἢ φυγομαχείτω κατὰ δύναμιν, ἕως ἂν ἐπιτηδείους εὕρῃ τόπους καὶ τοῖς οἰκείοις ἁρμόζοντας πράγμασιν.
(31.2) ἀπολελείφθων δέ τινες καὶ ἐπὶ τοῦ χάρακος οἱ παραφυλάττοντες τὴν παρεμβολὴν στρατιῶται καὶ πρὸς τὴν τῆς ἀποσκευῆς φυλακήν, ἵνα μὴ κατανοήσας ὁ στρατηγὸς τῶν πολεμίων ἔρημον ὄντα πέμψῃ τοὺς ἁρπασομένους τὰ ἐν αὐτῷ καὶ καταληψομένους τὸ χωρίον.

Kriegsblitz voraus. Wenn dies auch seitens der Feinde geschieht, ist es notwendig, sie ihrerseits zu erschrecken, wenn nicht, soll man sie zuerst erschrecken.
(29.3) Es ist manchmal in einem bestimmten Moment vorteilhaft, nicht der Erste zu sein, der die Streitkraft aussendet, sondern sie so lange im Lager zu halten, bis man die Schlachtordnung des Feindes sieht (und weiß), von welcher Art sie ist, wie sie aufgestellt ist und auf welchen Plätzen sie steht.

(30.1) Dann muss man überlegen, welche Soldaten man welchen gegenüberstellen muss und auf welche Weise. Wie ein guter Arzt, der eine Krankheit des Leibes vorhersieht, muss man die Verteidigung entgegenführen und die Streitkraft ordnen, wie es einem am vorteilhaftesten erscheint. Oft sind die *Strategoi* ja gezwungen, im Blick auf die Rüstungen, die Stämme und die Eigenarten der Gegner ihre eigenen Heere auszurüsten und entgegenzustellen.

(31.1) Wenn die Feinde in der Reiterei überlegen sind, soll man möglichst raue, enge und bei Bergen gelegene Orte wählen, die am wenigsten für Reiter geeignet sind, oder man soll die Schlacht möglichst vermeiden, bis man geeignete Orte findet, die zu den eigenen Verhältnissen passen.
(31.2) Manche müssen in der Verschanzung zurückbleiben, um das Lager und das Gepäck zu bewachen, damit der *Strategos* der Feinde nicht bemerkt, dass das Lager verlassen ist, und auch keine Leute schickt, die seinen Inhalt plündern und den Platz besetzen sollen.

(32.1) τοὺς μὲν γὰρ ἢ τὰ ἴδια καθαιροῦντας ἐρύματα στρατηγοὺς ἢ ποταμοὺς διαβαίνοντας ἢ κρημνοὺς καὶ βάραθρα κατόπιν ποιουμένους τῶν φιλίων, ἵν' ἢ μένοντες νικῶσιν ἢ βουληθέντες φεύγειν ἀπόλωνται, οὔτε πάμπαν ἐπαινεῖν οὔτε ψέγειν ἔχω· πᾶν γὰρ τὸ παρακεκινδυνευμένον <μᾶλλον> τόλμης ἐστὶν ἢ γνώμης [*fol.* 212r] καὶ τῇ τύχῃ κεκοινώνηκε πλεῖον ἢ τῇ κρίσει.
(32.2) ὅπου γὰρ ἢ νικῶντα δεῖ κρατεῖν ἢ ἡττηθέντα τοῖς ὅλοις ἐσφάλθαι, πῶς ἐνταῦθ' ἄ<ν> τις ἢ φρονήσει τὸ νικᾶν ἢ προαιρέσει τὸ[υ] ἡττᾶσθαι μαρτυρήσειεν;
(32.3) ἐγὼ δὲ στρατιώταις μὲν ἐκ στρατεύματος φιλοτόλμως κινδυνεύειν ἐπιτρεπτέον εἶναι νομίζω – καὶ γὰρ δρῶντές τι μεῖζον ὤνησαν καὶ παθόντες οὐθὲν τοσοῦτον ἐλύπησαν –, στρατεύματι δὲ παντὶ τὴν ἄδηλον ἐκκυβεύειν τύχην οὐ δοκιμάζω.
(32.4) μάλιστα δ' ἁ<μαρτάνει>ν οὗτοί μοι δοκοῦσιν, οἵ τινες ἐν μὲν τῷ νικᾶν ὀλίγα λυπήσειν μέλλοντες τοὺς πολεμίους, ἐν δὲ τῷ° ἡττᾶσθαι μεγάλα βλάψειν τοὺς φίλους ἀποχρῶνται τοιούτοις στρατηγήμασιν.
(32.5) εἰ δὲ πρόδηλος μέν σφισιν <ὁ> ὄλεθρος εἴη, κἂν μὴ παραβόλοις ἐγχειρήσωσι στρατηγίαις, πρόδηλος δὲ καὶ ἡ τῶν πολεμίων ἡττηθέντων ἀπώλεια, τότ'° οὐκ ἄν μοι δόξειεν ἁμαρτάνειν ἀποφράττων τὰς φυγὰς τῶν φιλίων· ἄμεινον γὰρ ἐν τῷ τολμᾶν ἐπ' ἀδήλῳ τῷ τάχα μηδὲ πείσεσθαί τι δεινὸν ἅμα καὶ δρᾶσαι ζητεῖν, ἢ ἐπὶ προδήλῳ τῷ μηδὲν δρῶντας ἀπολέσθαι πάντας ἀτόλμως ἡσυχάζειν.

(32.1) *Strategoi*, die ihre eigenen Verteidigungsanlagen zerstören, Flüsse überqueren oder ihre Leute hinter Klippen oder Klüften platzieren, damit die Soldaten entweder bleiben und siegen oder, wenn sie fliehen wollen, umkommen, kann ich weder ganz loben noch tadeln. Das ganze Risiko ist nämlich eher eines von Wagemut als von Einsicht und hat einen größeren Anteil an Glück als an gutem Urteil.
(32.2) Wo man nämlich entweder siegreich die Oberhand gewinnen oder aber geschlagen alles verlieren wird, wie könnte man da der Vernunft den Sieg oder der Absicht die Niederlage zuschreiben?
(32.3) Ich glaube, dass es (einzelnen) Soldaten aus dem Heer zukommt, wagemutig Risiken auf sich zu nehmen – wenn es ihnen gelang, konnten sie ja etwas bewirken, wenn sie aber scheiterten, verursachten sie keinen so großen Verlust –, doch halte ich nichts davon, mit dem ganzen Heer ein unklares Glücksspiel zu spielen.
(32.4) Am meisten scheinen mir diejenigen einen Fehler zu machen, die in einem Sieg den Feinden wenig Kummer bereiten wollen, in einer Niederlage aber den eigenen Leuten viel schaden und dafür solche Kriegslisten einsetzen.
(32.5) Wenn für sie der Untergang offensichtlich ist, sofern sie nicht eine gewagte Strategie einsetzen, und ebenso, wenn die Zerstörung der Feinde durch eine Niederlage offensichtlich ist, dann scheint man mir keinen Fehler zu machen, wenn man die Flucht der eigenen Leute unmöglich macht. Es ist ja besser, Mut zu zeigen, wenn unsicher ist, ob man vielleicht selbst etwas Schlimmes erleiden oder tun wird, als wenn es ganz offenbar ist, dass alle umkommen werden, wenn sie feige Ruhe bewahren.

(32.6) ὑποδεικνύτω μέντοι μὴ μόνον ἐν τοῖς τοιούτοις χωρίοις, ὅπου κατ' ἀλήθειαν οὐκ ἔστι σωτηρία τοῖς φεύγουσιν, ἀλλὰ καὶ ἐν παντὶ τόπῳ καὶ πάσῃ μάχῃ διδασκέτω διὰ πλειόνων, ὅτι τοῖς μὲν φεύγουσι πρόδηλος ὁ ὄλεθρος, ὡς ἂν ἤδη μετ' ἐξουσίας ἐπικειμένων τῶν πολεμίων μηδενὸς ἔτι δυναμένου διακωλύειν τοὺς διώκοντας πᾶν ὃ βούλονται διαθεῖναι τοὺς φεύγοντας, τοῖς δὲ μένουσιν <οὐκ> ἄδηλος ὁ θάνατος ἀμυνομένοις.
(32.7) οἵ τινες γὰρ πεπεισμένοι τυγχάνουσιν ἐν ταῖς παρατάξεσιν, ὡς φεύγοντες μὲν αἰσχρῶς ἀπολοῦνται, μένοντες δ' εὐκλεῶς τεθνήξονται, καὶ χείρον' <ἀ>εὶ προσδοκῶσιν ἐκ τοῦ καταλιπεῖν τὴν τάξιν ἢ ἐκ τοῦ φυλάττειν, ἄριστοι κατὰ τοὺς κινδύνους ἄνδρες ἐξετάζονται.
(32.8) διόπερ ἀγαθὸν μέν, εἰ πάντας οὕτως ἔχειν γνώμης πείσαι στρατηγός, εἰ δὲ μή, ἀλλὰ μέντοι° γ' ὡς πλείστους· ἢ γὰρ παντελεῖς περιεποιήσατο νίκας ἢ μικροῖς ἐλαττώμασι περιέπεσε.
(32.9) τῶν δ' ἐκ προλήψεως καὶ πρὶν ἢ συμβαλεῖν ἐπινοουμένων στρατηγοῖς αἱ παρ' αὐτὸν τὸν τῆς μάχης καιρὸν ἐπίνοιαι νίκης° κ<αὶ> ἀντιστρατηγήσεις ἔστιν ὅτε καὶ πλείους καὶ θαυμασιώτεραι γίγνονται τοῖς τὴν στρατηγικὴν ἐμπειρίαν ἠσκηκόσιν, ἃς οὐκ ἔστιν ὑποσημῆναι λόγῳ <ἢ> προβουλεῦσαι.
(32.10) ὥσπερ γὰρ οἱ κυβερνῆται πρὸς μὲν τὸν πλοῦν ἐκ λιμένων ἀνάγονται πάντα ἐξηρτυμένοι τὰ κα[*fol.* 212v]τὰ τὴν ναῦν, ἐπειδὰν δ' ἐμπέσῃ

(32.6) Man soll darauf nicht nur an solchen Orten hinweisen, an denen es tatsächlich für Flüchtende keine Rettung gibt, sondern muss auch an jedem Ort und in jeder Schlacht aus vielen Gründen zeigen, dass für diejenigen, die fliehen, der Untergang offenkundig ist, da mit Bestimmtheit bei einem Ansturm der Feinde niemand mehr die Verfolger daran hindern könnte, die Fliehenden in jeder von ihnen gewollten Weise zu bedrängen, dass aber für diejenigen, die bleiben, der Tod nicht unrühmlich ist, wenn sie sich wehren.
(32.7) Diejenigen, die in den Stellungen bleiben, überzeugt, dass sie fliehend schändlich umkommen, bleibend aber ruhmreich sterben werden, und die stets Schlechteres erwarten, wenn sie die Ordnung verlassen, statt sie zu bewahren, werden bei den Gefahren als die besten Männer befunden.
(32.8) Deshalb ist es gut, wenn der *Strategos* alle dafür gewinnen kann, diese Meinung zu haben, oder, wenn nicht alle, zumindest so viele wie möglich; so nämlich gewinnt er entweder einen völligen Sieg oder unterliegt mit geringen Verlusten.
(32.9) Von den Dingen, die von den *Strategoi* in Erwartung und vor dem Aufeinandertreffen bedacht werden, sind die im Augenblick des Kampfes entstandenen Pläne für den Sieg und die Gegenstrategien meistens die Mehrzahl und eher zu bewundern als die Männer mit strategischer Erfahrung, also eben die, welche man nicht mit einem Wort vorher beschreiben oder planen kann.
(32.10) Wie ja Steuerleute für die Schifffahrt erst aus dem Hafen aufbrechen, wenn sie alles, was für das Schiff nötig ist, aufgetakelt haben,

χειμών, οὐχ ὃ βούλονται ποιοῦσιν, ἀλλ’ ὃ ἀναγκάζονται, πολλὰ καὶ πρὸς τὸν ἀπὸ τῆς τύχης ἐπείγοντα κίνδυνον εὐτόλμως παραβαλλόμενοι, καὶ οὐ τὴν ἀπὸ τῆς μελέτης εἰσφερόμενοι μνήμην, ἀλλὰ τὴν ἐκ τῶν καιρῶν βοήθειαν· οὕτως οἱ [μὲν] στρατηγοὶ τὴν <μὲν> δύναμιν ἐκτάσσσουσιν°, ὅπως σφίσι νομίζουσι συνοίσειν, ἐπειδὰν δ’ ὁ τοῦ πολέμου περιστῇ χειμὼν πολλὰ θραύων καὶ παραλλάττων καὶ ποικίλας ἐπάγων περιστάσεις, ἡ τῶν ἀποβαινόντων ἐν ὀφθαλμοῖς ὄψις ἐπιζητεῖ τὰς ἐκ τῶν καιρῶν ἐπινοίας, ἃς ἡ ἀνάγκη τῆς τύχης μᾶλλον ἢ ἡ μνήμη τῆς ἐμπειρίας ὑποβάλλει.

(33.1) μαχέσθω δὲ ὁ στρατηγὸς αὐτὸς προμηθέστερον ἢ τολμηρότερον, ἢ καὶ τὸ παράπαν ἀπεχέσθω τοῦ τοῖς πολεμίοις εἰς χεῖρας ἰέναι· καὶ γὰρ εἰ κατὰ τοὺς ἀγῶνας ἀνυπέρβλητον ἀνδρίαν εἰσενέγκαιτο, τοσοῦτον οὐδὲν ὠφελῆσαι δύναται στράτευμα μαχόμενος, ὅσον ἀποθανὼν βλάψαι· στρατηγοῦ γὰρ ἡ γνώμη πλέον ἰσχύει τῆς ῥώμης· σώματος μὲν γὰρ ἀνδρίᾳ [ἀν]δρᾶσαί τι μέγα καὶ στρατιώτης δύναται, γνώμης δὲ προμηθείᾳ βουλεῦσαί τι κρεῖττον οὐκ ἄλλος.
(33.2) ὄνπερ δ’ ἂν τρόπον, εἰ κυβερνήτης ἀφειμένος τῶν οἰάκων, ἃ δεῖ τοὺς ναύτας ποιεῖν, αὐτὸς πράττοι, κινδυνεύειν ἂν συμβαίη τὸ σκάφος, τοῦτον, εἰ στρατηγὸς ἀποστὰς τοῦ γνώμῃ τι βουλεύειν ἐπὶ τὰς τῶν στρατιωτῶν

wenn aber ein Sturm aufkommt, nicht tun, was sie wollen, sondern was sie müssen, und vieles auch für die vom Zufall kommende Gefahr des Schicksals kühn aufs Spiel setzen und sich nicht auf die Erinnerung an ihre bisherige Praxis verlassen, sondern auf die Hilfe, die den gegebenen Umständen angemessen ist, so werden auch die *Strategoi* ihre Streitkraft aufstellen, wie sie ihnen nützlich zu sein scheint. Wenn aber der Sturm des Krieges immer wieder vieles zerbricht, verändert und verschiedene Bedingungen bringt, muss einen der Anblick der gegenwärtigen Umstände die Mittel suchen lassen, die auf den Erfordernissen des Augenblicks beruhen und die vom Zwang des Zufalls und nicht der Erinnerung an den Erfolg vorgeschlagen werden.

(33.1) Der *Strategos* soll selbst mehr mit Vorbedacht als mit Wagemut kämpfen oder sich ganz davon fernhalten, in ein Handgemenge mit den Feinden zu geraten. Wenn er auch im Kampf ist, zeigt er, dass er nicht in Tapferkeit übertroffen werden kann, doch kann er dem Heer viel weniger nützen, wenn er selbst kämpft, als er ihm schaden kann, wenn er getötet wird. Der Ratschluss eines *Strategos* ist ja weit wichtiger als seine physische Stärke. Mit persönlicher Tapferkeit können auch seine Soldaten etwas Großes vollbringen, doch kann kein anderer mit Vorbedacht etwas Stärkeres raten.
(33.2) In der Weise, in der ein Steuermann, der das Ruder verlässt und tut, was die Matrosen tun müssen, sein Schiff gefährden würde, so würde auch, wenn der *Strategos* die Aufgabe verlässt, mit Klugheit Rat zu geben, und sich zu den Pflich-

καταβαίνοι χρείας, ἡ τῶν μειζόνων° ἀκυβέρνητος ἀμέλεια τὴν ἀναγκαιοτέραν ἄπρακτον ποιήσει βοήθειαν.

(33.3) ὅμοιον δὴ κρίνω τὸν στρατηγὸν ἐμπαραβαλέσθαι τῇ ἑαυτοῦ ψυχῇ τῷ τῆς συμπάσης, εἰ πείσεταί τι, δυνάμεως ἀκηδεῖν· εἰ γάρ, ἐν ᾧ τοῦ σύμπαντος ἡ σωτηρία στρατεύματός ἐστιν, οὗτος οὐδὲν εἰ τεθνήξεται πεφρόντικε, τὸ πᾶν αἱρεῖται συνδιαφθεῖραι, καὶ ὀρθῶς δ' ἄν τις αἰτιάσαιτο τοῦτον ὡς ἄπρακτον στρατηγὸν μᾶλλον ἢ ἀνδρεῖον.

(33.4) ὁ μὲν γὰρ πολλὰ γνώμῃ στρατηγήσας ἀρκεσθήσεται σεμνυνόμενος ἐπὶ ταῖς ἀπὸ ψυχῆς εὐπραγίαις, ὅστις δ' οὕτως ἀπειρόκαλός ἐστιν, ὥστ' ἄν, εἰ μὴ διὰ μάχης εἰς χεῖρας ἔλθοι τοῖς πολεμίοις, οὐδὲν αὐτὸν ἄξιον εἰργάσθαι νομίζειν, οὐκ ἀνδρεῖος, ἀλλὰ [καὶ] τολμηρός ἐστιν.

(33.5) ὅθεν ἐπιφαίνειν μὲν δεῖ° τῷ πλήθει τὸ φιλοκίνδυνον, ἵνα τὴν προθυμίαν ἐκκαλῆται τῶν στρατιωτῶν, ἀγωνίζεσθαι δὲ ἀσφαλέστερον, καὶ τοῦ θανάτου μὲν καταφρονεῖν, εἴ τι πάσχοι τὸ στράτευμα, μηδ' αὐτὸν αἱρού[*fol.* 213r]μενον ζῆν, σωζομένου δὲ καὶ τὴν ἰδίαν φυλάττειν ψυχήν· ἤδη γὰρ ἐπικυδέστερα τὰ τῶν φιλίων ὄντα ποτὲ στρατηγὸς ἀποθανὼν ἐμείωσεν· οἱ μὲν γὰρ πταίοντες ἐπανεθάρρησαν τὸ ἀντίπαλον ἀστρατήγητον ἰδόντες, οἱ δ' εὐτυχοῦντες ἐδυσθύμησαν τὸν ἴδιον ἡγεμόνα ζητοῦντες.

ten der Soldaten herablässt, diese steuerlose Vernachlässigung größerer Dinge selbst recht notwendige Hilfe ganz nutzlos machen.
(33.3) Als ähnlich beurteile ich, wenn der *Strategos* es sich einfallen lässt, seine eigene Seele, wenn ihm etwas zustößt, zu Lasten der ganzen Streitmacht zu vernachlässigen. Wenn nämlich er, an dem die Sicherheit des ganzen Heeres liegt, nicht darauf geachtet hat, dass er selbst nicht stirbt, wird er es damit insgesamt vorziehen, gemeinsam mit den anderen unterzugehen. Zu Recht würde er dann als erfolgloser *Strategos* beschuldigt, nicht als mutiger!
(33.4) Wer durch seine Entschlossenheit viele strategische Erfolge hatte, muss mit der Ehre für seine guten Taten aus der Seele zufrieden sein. Wer aber so töricht ist, dass er glaubt, wenn er nicht mit den Feinden ins Handgemenge kommt, habe er nichts Ehrenwertes geschafft, der ist nicht mutig, sondern bloß waghalsig.
(33.5) Darum muss man sich zwar vor der Menge risikofreudig zeigen, sodass man den Eifer seiner Soldaten hervorrufen kann, selbst aber vorsichtig kämpfen und den Tod verachten. Wenn dem Heer etwas zustößt, soll man nicht selbst das Leben wählen, wenn aber das Heer bewahrt wird, auch die eigene Seele bewahren. Manchmal nämlich hat schon den hohen Ruhm der eigenen Leute der Tod eines *Strategos* gemindert, denn dies hat die besiegten Feinde ermutigt, weil sie ihre Widersacher ohne *Strategos* sahen, das erfolgreiche Heer aber entmutigt, weil sie ihren eigenen *Strategos* vermissten.

(33.6) στρατηγοῦ δ’ ἔστι τὸ παριππάζεσθαι ταῖς τάξεσιν, ἐπιφαίνεσθαι τοῖς κινδυνεύουσιν, ἐπαινεῖν τοὺς ἀνδριζομένους, ἀπειλεῖν τοῖς ἀποδειλιῶσι, παρακαλεῖν τοὺς μέλλοντας, ἀναπληροῦν τὸ ἐλλεῖπον, ἀντιμετάγειν εἰ δέοι λόχον, ἐπαμύνειν τοῖς κάμνουσι, προορᾶσθαι τὸν καιρόν, τὴν ὥραν, τὸ μέλλον.

(34.1) ἀνακαλεσάμενος δ’ ἐκ τῆς μάχης πρῶτον μὲν ἀποδιδότω τοῖς θεοῖς θυσίας καὶ πομπά[ι]ς, αἷς ἐκ τοῦ καιροῦ χρῆσθαι° πάρεστι, τὰ νομιζόμενα χαριστήρια μετὰ τὴν τοῦ πολέμου παντελῆ νίκην ἐπαγγελλόμενος ἀποδώσειν· ἔπειτα τοὺς μὲν ἀρίστους ἐν τοῖς κινδύνοις ἐξετασθέντας τιμάτω δωρεαῖς καὶ τιμαῖς, αἷς νόμος, τοὺς δὲ κακοὺς φανέντας κολαζέτω.
(34.2) τιμαὶ δ’ ἔστωσαν μὲν καὶ αἱ κατὰ τὰ πάτρια καὶ <κατὰ> τὰ παρ’ ἑκάστοις νόμιμα· στρατηγικαὶ δὲ αὗται· πανοπλίαι°, κόσμοι, λαφύρων δόσεις, πεντηκονταρχίαι, ἑκατονταρχίαι, λοχαγίαι, τάξεων ἀφηγήσεις, καὶ αἱ ἄλλαι αἱ κατὰ νόμους παρ’ ἑκάστοις ἡγεμονίαι· τῶν μὲν ἰδιωτῶν τοῖς ἀνδραγαθήσασιν αἱ ἥττους ἐξουσίαι, τῶν δὲ ἡγεμόνων τοῖς ἀριστεύσασιν αἱ μείζους ἡγεμονίαι· αὗται γὰρ ἀμοιβαί τε μεγαλόψυχοι τοῖς ἤδη τὸ γενναῖον εἰργασμένοις

(33.6) Sache des *Strategos* ist es, an den Reihen zu Pferd entlangzureiten, sich denen zu zeigen, die Risiken eingehen, die Tapferen zu loben, die Feigen zu bedrohen, die Zögerlichen zu ermutigen, Lücken auszufüllen, nötigenfalls eine Reihe fortzuführen, den Erschlafften beizustehen und die rechte Zeit vorherzusehen, die Stunde und die nächste Zukunft.

(34.1) Bei der Rückkehr aus der Schlacht soll man für die Götter Opfer und Prozessionen abhalten, soweit deren Durchführung von den Umständen ermöglicht wird, die gebräuchlichen Dankesfeiern aber für die Zeit nach dem vollständigen Sieg im Krieg versprechen und erst dann verrichten. Danach soll man jene Soldaten ehren, die sich in den Risiken als die besten erwiesen haben, und sie mit Geschenken und Ehrungen bedenken, wie es Brauch ist, diejenigen aber bestrafen, die sich als schlecht erwiesen haben.
(34.2) Ehrungen sollen je nach der Tradition und dem jeweils Gebräuchlichen auf jeden Fall verliehen werden. Die von den *Strategoi* sind folgende: Panhoplien (vollständige Rüstungen als Trophäen), Ehrenzeichen, Beutegaben, Positionen als *Pentekontarches*, *Hekatontarches* oder *Lochagos* (Kommandant von 50 oder 100 Mann oder einer Reihe), Kommandos über Abteilungen und alle anderen jeweils gebräuchlichen Kommandostellen. Von den einfachen Soldaten soll man denen, die sich in Tapferkeit ausgezeichnet haben, kleinere Kommandostellen geben, und von den Kommandanten denen, die sich ausgezeichnet haben, größere; diese Belohnungen machen diejenigen, die sich schon gut verdient gemacht ha-

προτροπαί τε ἀναγκαῖαι τοῖς τῶν αὐτῶν ἐπιθυμοῦσιν.

(34.3) ὅπου δὲ τιμὴ μὲν ἀποδίδοται τοῖς ἀγαθοῖς, τιμωρία δ' οὐ παραπέμπεται τῶν κακῶν, ἐνταῦθα καλὰς ἐλπίδας ἔχειν ἀνάγκη τὸ στρατόπεδον· οἱ μὲν γὰρ ἐφοβήθησαν ἁμαρτάνειν, οἱ δὲ ἐφιλοτιμήθησαν ἀνδραγαθεῖν.

(34.4) ἔνθα μέντοι χρὴ καὶ νικῶντα μὴ κατ' ἄνδρα μόνον ἀμοιβὰς ἐκτίνειν, ἀλλὰ καὶ τῷ σύμπαντι στρατεύματι τῶν κινδύνων ἐπικαρπίαν ἀποδιδόναι· τὰ γὰρ τῶν πολεμίων ἐπιτρεπέτω τοῖς στρατιώταις διαρπάζειν, εἰ° χάρακος ἢ ἀποσκευῆς ἢ φρουρίου κυριεύσειεν, ὁτὲ δὲ καὶ πόλεως, εἰ μή τι μέλλοι περὶ αὐτῆς χρηστότερον <βουλεύειν.

(34.5) οὕτως γὰρ ἂν καὶ μάλιστα> μήπω τέλος εἰληφότος τοῦ πολέμου συνοίσοι° πρὸς τὰ μέλλοντα προθυμότερον ἐπὶ τὰς μάχας αὐτῶν ἐξιόντων, εἰ μὴ νομίζομεν τοὺς μὲν θηρευτικοὺς κύνας δελεάζειν ἀναγκαῖον εἶναι τοῖς κυνηγοῖς αἵματι θηρίων καὶ τοῖς τοῦ συλληφθέντος ζῴου σπλάγχνοις, τοῖς δὲ νικῶσι στρατιώταις τὰ τῶν ἡττημένων° εἰς [*fol.* 213v] προτροπὴν οὐ μάλα δή τι συμφέρον ἀποδιδόναι.

(35.1) τὰς δ' ἁρπαγὰς οὔτ' ἐπὶ πάσης μάχης ἐπιτρεπτέον, οὐδ' αἰεὶ πάντων, ἀλλ' ὧν μέν, ὧν δ' οὔ, τῶν δὲ σωμάτων ἥκιστα· ταῦτα δὲ πιπράσκειν τὸν στρατηγόν.

ben, noch seelenstärker und sind notwendige Anreize für andere, die sich nach so etwas sehnen.
(34.3) Wenn man den guten (Soldaten) Ehre zuweist und die Bestrafung der schlechten nicht vernachlässigt, dann hat ein Heer davon notwendigerweise schöne Hoffnungen: Die letzteren hatten ja (später) Angst, sich wieder zu verfehlen, die anderen waren darauf bedacht, sich erneut als tapfer zu erweisen.
(34.4) Es ist notwendig, dass der Sieger nicht nur an die einzelnen Männer Belohnungen verteilt, sondern auch das Heer als Ganzes für seine Gefahren entschädigt. Den Soldaten soll man gestatten, den Besitz der Feinde zu plündern, wenn sie ein Lager, einen Tross oder eine Festung einnehmen oder gar eine Stadt, sofern man mit ihr nicht etwas Nützlicheres zu tun wünscht.
(34.5) So wird, wenn der Krieg noch nicht zum Ende gekommen ist, für die Zukunft wohl am meisten Nutzen gestiftet. Die Soldaten wollen ja eifriger in die Schlacht kommen, wenn wir die Meinung ablehnen, es sei zwar notwendig, dass Jäger die Jagdhunde mit dem Blut wilder Tiere und Tiereingeweiden ködern, aber unnütz, dass man den siegreichen Soldaten als Anreiz den Besitz der Unterlegenen überlässt.

(35.1) Plünderungen sollen nicht nach jeder Schlacht zugelassen werden und auch nicht immer von allen Sachen, sondern einmal nur von dieser, einmal von jener, am wenigsten aber von Gefangenen; diese soll der *Strategos* verkaufen.

(35.2) εἰ δὲ χρημάτων δέοι καὶ δαπάνης κοινῆς καὶ μεγάλης, καὶ ὅσα ἄγεται καὶ φέρεται πάνθ' ὡς αὐτὸν ἀναπέμπεσθαι κηρυττέτω.
(35.3) γνῴη δ' ἂν αὐτὸς ἄριστα πρὸς τοὺς καιρούς, εἰ τὰ πάντα δέοι λαμβάνειν, εἴτ' ἐκ μέρους, εἴτε μηθὲν ὧν ἔτυχεν· οὔ γε° μὴν ἔστι πολέμου καὶ τοῖς κοινοῖς εἶναι χρημάτων δαψίλειαν καὶ τοῖς στρατιώταις ἀνεπικώλυτον ὠφέλειαν· ἤδη δὲ καὶ παρὰ τοὺς° τῶν ἡττημένων° πλούτους καὶ παρὰ τὰς τῶν τόπων εὐδαιμονίας αἱ ὠφέλειαί σφισι δαψιλέστεραι γίγνονται.
(35.4) τοὺς δὲ αἰχμαλώτους, ἐὰν ὁ πόλεμος ἔτι συνεστὼς ᾖ, μὴ κτεινέτω, μάλιστα μὲν τῶν πρὸς οὓς ἐστιν ὁ πόλεμος, κἂν δοκῇ οἱ, τοὺς συμμάχους ἀναιρεῖν, ἥκιστα δεῖ κτεῖναι° τοὺς ἐνδοξοτάτους καὶ λαμπροὺς παρὰ τοῖς πολεμίοις, ἐνθυμούμενος τὰ ἄδηλα τῆς τύχης καὶ τὸ παλίντροπον τοῦ δαιμονίου φιλοῦντος ὡς τὰ πολλὰ νεμεσᾶν, <ἵν'> εἴ τινων αὐτοὶ ἤ σωμάτων, ὧν πολὺς πόθος, ἢ φρουρίου κρατήσαιειν, ἱκανὰ ἀντικαταλλάγματα δοὺς ἔχῃ κομίσασθαι τὰ τῶν φιλίων, ἢ τότε γε μὴ βουλομένων ἐνδίκως εἰς ἴσον ἀμύνηται.
(35.5) μετὰ δὲ τὰ κατορθώματα καὶ τοὺς κινδύνους ἐπιτρεπέσθων αὐτοῖς εὐωχίαι τε καὶ κλισίαι καὶ πόνων ἀνέσεις, ἵν' εἰδότες, οἷον τέλος ἐστὶ τοῦ μαχομένους νικᾶν, ὑπομένωσι τὰ δυσχερῆ πάντα πρὸ τοῦ νικᾶν.

(35.2) Wenn ihm Geld und große gemeinsame Ressourcen fehlen, soll er befehlen, dass alles, was als Beute weggebracht werden kann, ihm zugewiesen wird.
(35.3) Er wird wissen, was je nach den Umständen am besten ist: ob er alles, nur einen Teil oder nichts von dem, was er erlangt hat, nehmen kann. Sicherlich ist es nicht Sache des Krieges, die Fülle des Reichtums an die Gemeinschaft und unbegrenzten Gewinn an die Soldaten zu geben; freilich werden für sie die Gewinne entsprechend den Reichtümern der Unterlegenen und dem Wohlstand des Gebiets üppiger.
(35.4) Die Gefangenen soll man, wenn der Krieg noch besteht, nicht töten, allenfalls kann man von denen, gegen die sich der Krieg richtet – wenn man es für richtig hält –, die Verbündeten beseitigen. Am wenigsten aber darf man diejenigen töten, die bei den Feinden die Angesehensten und Höchstrangigen sind. Man muss ja die Unerforschlichkeit des Glücks und den Wechsel des *Daimonion* (s. o. 10.27) bedenken, das es liebt, ungerecht zu sein. Ziel soll sein, wenn man bestimmte Personen, nach denen es (in ihrer Heimat) große Sehnsucht gibt, oder eine Festung in seinen Besitz bringt, bereit zu sein, diese einzutauschen, um das Eigentum seiner Freunde zu erlösen, oder, sollten (die Feinde) nicht mit einem handelseinig werden wollen, es zu gleichen Bedingungen zu bewahren.
(35.5) Nach dem erfolgreichen Ausgang und (bestandenen) Gefahren der Schlacht soll man Bewirtungen, Gelage und Ruhe von Anstrengungen erlauben, damit die Soldaten, die wissen, was das Ziel des Kämpfens ist, siegen und geduldig alle Schwierigkeiten für den Sieg ertragen.

(36.1) προνοείσθω δὲ τῆς τῶν νεκρῶν κηδείας, μήτε καιρὸν μήθ' ὥραν μήτε τόπον μήτε φόβον προφασιζόμενος, ἄν τε τύχῃ νικῶν, ἄν τε ἡττώμενος· ὁσία° μὲν γὰρ καὶ ἡ πρὸς τοὺς ἀποιχομένους εὐσέβεια, ἀναγκαία δὲ καὶ ἡ πρὸς τοὺς ζῶντας ἀπόδειξις.

(36.2) ἕκαστος γὰρ τῶν στρατιωτῶν ὡς αὐτὸς ἀμελούμενος, εἰ πεσὼν ἔτυχεν, παρ' ὀφθαλμοῖς ὁρῶν τὴν τύχην καὶ ὑπὲρ τοῦ μέλλοντος καταμαντευόμενος, ὡς οὐδ' αὐτός, εἰ τεθναίη, ταφησόμενος ἐπαχθῶς φέρει τὴν ἀτύμβευτον° ὕβριν.

(36.3) εἰ δὲ ἡττῷτο, παραμυθησάμενος τοὺς ἀνασωθέντας ἐκ τῆς μάχης ἐφεδρευέτω, καιρὸν ἔνθα που καὶ μᾶλλον οἰόμενος ἐπανορθώσασθαι τὴν ἐλάττωσιν.

(36.4) εἰώθασι γὰρ ὡς τὰ πολλὰ μετ' εὐπραγίας οἱ στρατιῶται ῥᾳθυμότερον ἐκλύεσθαι περὶ τὰς φυλακάς· ἡ γὰρ τῶν πέλας καταφρόνησις ἀμελείας σφίσι γίγνεται <αἰτία> τῶν οἰκείων, οὕτως τε πολλάκις τὰ εὐτυχήματα πλεῖον ἔβλαψε τῶν δυστυχημάτων.

(36.5) ὁ μὲν γὰρ πταίσας ἐδι[*fol.* 214r]δάχθη καὶ φυλάξασθαι τὸ μέλλον, ἐξ ὧν ἔπαθεν, ὁ δὲ τοῦ δυστυχεῖν ἄπειρος οὐδ' ὡς δεῖ φυλάξαι τὰς εὐπραγίας ἔμαθεν.

(36.6) εἶτ' αὖ νικῶν [ἢ] τὴν αὐτὴν ἐχέτω προμήθειαν ὑπὲρ τοῦ μὴ παθεῖν ἀμελῶν, ἣν ἂν° εἰς τὸ δρᾶσαί τι τοὺς ἐχθροὺς ῥᾳθυμοῦντας εἰσενέγκαιτο. φόβος γὰρ εὔκαιρος ἀσφάλεια προμηθής, ὡς καὶ καταφρόνησις ἄκαιρος εὐεπιβούλευτος τόλμα.

(36.1) Vorsorge soll man für die Totentrauer treffen, damit nicht Umstände, Stunde, Ort oder Angst zum Vorwand werden können, gleich ob man nun siegt oder unterliegt. Es ist dies ein heiliger Akt der Ehrfurcht vor den Toten und auch ein notwendiges Schaustück für die Lebenden.
(36.2) Jeder von den Soldaten wird sich geringgeschätzt sehen, wenn er für den Fall seines Todes das Schicksal vor Augen hat und daraus die Zukunft vorhersieht, dass auch er selbst, wenn er stirbt, nicht bestattet werden wird, und so über den Frevel unterlassener Bestattung bedrückt sein.
(36.3) Hat man eine Niederlage erlitten, muss man die Überlebenden der Schlacht trösten und ermutigen, wobei man die Meinung vertritt, dass eine bessere Gelegenheit die Niederlage wettmachen werde.
(36.4) Gewohnt sind ja Soldaten, (nach einem Erfolg) alles leichtsinniger anzugehen und in ihrer Wachsamkeit nachzulassen, denn ihre Verachtung für ihre nahen (Gegner) verursacht Unachtsamkeit ihrer eigenen Angelegenheiten. So hat das Glück oft mehr geschadet als das Unglück.
(36.5) Wer nämlich eine Niederlage erlitten hat, ist belehrt worden, sich künftig vor dem, was er erlitten hat, zu hüten. Wer aber kein Unglück erfahren hat, ist nicht einmal darin belehrt worden, seinen Erfolg zu bewahren.
(36.6) Also soll man, wenn man siegreich ist, die gleiche Umsicht vor Schaden durch Fahrlässigkeit walten lassen, die man benutzen würde, um den Gegnern Schaden zuzufügen, wenn sie leichtsinnig wären. Angst zur rechten Zeit ist weise Voraussicht, so wie eine Geringschätzung zur Unzeit eine schlecht beratene Waghalsigkeit ist.

(37.1) ἀνοχὰς δὲ ποιησάμενος μηδ' ἐπιτιθέσθω μηδ' αὐτὸς ἀφύλακτος ἔστω· ἀλλὰ τὸ μὲν ἥσυχον ἐχέτω πρὸς τοὺς πολεμίους, ὡς ἐν εἰρήνῃ, τὸ δ' ἀσφαλὲς εἰς τὸ μὴ παθεῖν, ὡς ἐν πολέμῳ.
(37.2) δεῖ γὰρ οὐκ ἀσύνθηκον ἐν σπονδαῖς εἶναι οὔτ' αὐτόν° τι φθάνειν ἀσεβὲς δρῶντα, ἀλλ' ὕποπτον°, ὡς φυλάττεσθαι τὸ ἀπὸ τῶν° πολεμίων ὕπουλον· ἄδηλοι γὰρ αἱ τῶν σπεισαμένων γνῶμαι.
(37.3) καὶ παρὰ σοὶ μὲν ἔστω τὸ βέβαιον τοῦ μὴ ἀδικῆσαι διὰ τὸ εὐσεβές, παρὰ δὲ τοῖς πολεμίοις ὑπονοείσθω τὸ μὴ πιστὸν διὰ τὸ ἀπεχθές· ἀσφαλὴς γὰρ οὗτος καὶ προμηθής, ὃς οὐδὲ βουληθεῖσι τοῖς πολεμίοις ἐπιθέσθαι τὸν τοῦ δύνασθαι παρασπονδῆσαι καιρὸν ἀπολείπει.
(37.4) οἵτινες δ' ἐπὶ τοῖς θεοῖς ποιοῦνται τὴν ὑπὲρ ὧν ἂν πάθωσιν ἐκδικίαν, εὐσεβὲς μὲν φρονοῦσιν, οὐ μὴν ἀσφαλῆ ποιοῦσιν.
(37.5) κομιδῇ γὰρ ἀνοήτων ἐστὶν ἐλπίδι τοῦ τοὺς παρασπονδήσαντας ἐκτίσειν δίκας ἀπρονοήτους° ἔχειν τοὺς περὶ σφῶν κινδύνους, ὥσπερ αὐτοὺς σώζεσθαι μέλλοντας ἅμα τῷ τοὺς ἐχθροὺς ἀπόλλυσθαι, ἐξὸν μετὰ τῆς τῶν ἰδίων πραγμάτων ἀσφαλεία[ι]ς πεῖραν λαμβάνειν τῆς τῶν πολεμίων ἀσεβείας· οὕτως γὰρ αὐτοί τε διὰ τὸ προμηθὲς οὐκ ἂν πταίσαιεν ἐπιβουλευθέντες, ἀσεβήσουσί τε οἱ πολέμιοι <τῷ> ἐπιχειρῆσαι <καὶ> δοκεῖν πεποιηκέναι <ἄν, εἰ> ἐδυνήθησαν.

(37.1) Nach einem Waffenstillstand soll man weder einen Angriff machen noch selbst unwachsam beginnen: Man soll einerseits Ruhe gegen die Feinde bewahren wie im Frieden, sich andererseits aber vor der Gefahr schützen wie im Krieg.
(37.2) Man darf einen Vertrag nicht verletzen und auch nicht der Erste sein, der einen unfrommen Akt begeht, muss aber misstrauisch bleiben, um sich vor heimlichen Taten der Feinde zu schützen; unklar sind ja die Absichten derjenigen, mit denen der Vertrag geschlossen wurde.
(37.3) Man soll auch fest entschlossen sein, wegen der Heiligkeit des Vertrags kein Unrecht zu begehen, bei den Feinden aber wegen ihres Hasses keine Verlässlichkeit annehmen. Sicher und vorausschauend ist, wer den Feinden, auch wenn sie anzugreifen wünschen, keine Gelegenheit bietet, den Vertrag brechen zu können.
(37.4) Diejenigen, die von den Göttern die Rache für das erwarten, was sie erlitten haben, denken zwar fromm, handeln aber bestimmt nicht sicher.
(37.5) Es ist ja ganz und gar töricht, in der Hoffnung darauf, dass die Vertragsbrecher büßen werden, nicht vorausschauend auf die Gefahren für einen selbst zu sein, als ob man selbst gerettet werden würde, sobald die Gegner zugrunde gehen, und als ob es möglich wäre, mit Sicherheit für die eigenen Angelegenheiten einen Prozess wegen der Gottlosigkeit der Feinde anzustrengen. So wird man selbst wegen der Vorsicht sich nicht davor bewahren, dass einem nachgestellt wird; die Feinde aber werden freveln mit ihrem Versuchen und scheinbaren Handeln, wenn sie es denn könnten.

(38.1) ταῖς δὲ προσχωρούσαις πόλεσιν, εἴ τινες ἐπιτρέποιεν αὑτὰς δεξάμεναι°, φιλανθρώπως καὶ χρηστῶς προσφερέσθω[ν]· προσαγάγοιτο γὰρ ἂν οὕτως καὶ τὰς ἄλλας. ἡ γὰρ ἐλπὶς τοῦ τῶν αὐτῶν τεύξεσθαι δελεάζουσα προσάγεται τοὺς πολλοὺς αὑτοὺς ἑκόντας ἐγχειρίζειν.
(38.2) ὅστις δὲ πικρῶς εὐθὺς καὶ πολεμικῶς προσφέρεται κύριος γενόμενος πόλεως ἢ διαρπάζων ἢ κτείνων ἢ κατασκάπτων, ἀλλοτριωτέρας διατίθησι τὰς ἄλλας πόλεις, ὥστε καὶ τὸν πόλεμον αὑτῷ ἐπίπονον καὶ τὴν νίκην δύσελπιν κατασκευάζειν·
(38.3) εἰδότες γάρ, ὡς ἀπαραίτητόν ἐστιν ἡ τῶν ὑποχειρίων πρὸς τοῦ κρατήσαντος° τιμωρία, πᾶν ὁτιοῦν ὑπομένουσι καὶ ποιεῖν καὶ πάσχειν ὑπὲρ τοῦ μὴ παραδοῦναι τὰς πόλεις.
(38.4) οὐθὲν γὰρ οὕτως κατασκευάζει γενναίους, ὡς φόβος ὧν μέλλουσι πείσεσθαι κακῶν εἴξαντες· ἡ γὰρ προσ[*fol.* 214v]δοκία τῶν δεινῶν ἐκ τοῦ καθυφε<ῖ>σθαι τὰ σφέτερα δεινὴν ἐντίθησι φιλοτιμίαν ἐν τοῖς κινδύνοις.
(38.5) χαλεπαὶ δὲ αἱ πρὸς τοὺς ἀπεγνωσμένους πεῖραι μάχης· οὐδὲν γὰρ χρηστότερον ἐλπίζοντες ἐκ τοῦ παραχωρεῖν ὧν πείσονται κινδυνεύοντες αἱροῦνται μετὰ τοῦ πολλὰ δρᾶν καὶ πάσχειν.
(38.6) ὅθεν αἱ πολιορκίαι τοῖς ὧδε στρατηγοῖς ἄφροσι καὶ τεθηριωμένοις ταλαίπωροι γίγνονται καὶ πολυχρόνιοι, ποτὲ δὲ καὶ ἀτελεῖς, οὐχ ἥκιστα δὲ σφαλερ[ωτερ]αί <τε> καὶ ἐπικίνδυνοι.

(38.1) Bei den dazukommenden Städten soll man, wenn manche dazu übergehen, sie aufzunehmen, menschenfreundlich und tüchtig agieren; dies nämlich wird wohl auch die anderen dazu bringen. Die Hoffnung, dass sie dasselbe erlangen, ködert und führt die Mehrzahl dazu, sich freiwillig zu ergeben.
(38.2) Wer aber gleich in einer bitteren und kriegerischen Weise handelt, nachdem er Herr einer Stadt geworden ist, oder plündert, tötet und zerstört, macht andere Städte feindlich, sodass der Krieg für ihn mühsam wird und der Sieg schwer zu erreichen ist.
(38.3) Da sie wissen, dass die Bestrafung der Überlegenen durch die Besiegten unerbittlich ist, sind sie bereit, alles mögliche zuzulassen, zu tun und zu erleiden, statt ihre Städte aufzugeben.
(38.4) Nichts macht die Menschen ja so tapfer wie die Angst vor dem, was sie erleiden werden, wenn sie sich ergeben. Ja, die Erwartung des Schlachtbeginns, dem sie das Ihre ausliefern müssen, gibt ihnen einen schrecklichen Ehrgeiz bei den Gefährdungen.
(38.5) Schwierig sind nämlich die Unternehmungen in Schlachten gegen Verzweifelte. Nichts Vorteilhafteres erhoffen sie ja von einem Nachgeben, wenn sie für das eintreten, von dem sie überzeugt sind, und so bevorzugen sie, viel zu tun und viel zu erleiden.
(38.6) Deshalb werden für solche unbedachten und wilden *Strategoi* Belagerungen ermüdend und langwierig, manchmal auch ergebnislos, nicht zuletzt aber äußerst gefährlich und riskant.

(38.7) τοῖς δὲ προδόταις τάς τε πίστεις καὶ τὰς ἐπαγγελίας φυλαττέτω, μὴ διὰ τοὺς γεγονότας, ἀλλὰ διὰ τοὺς ἐσομένους, ἵν' εἰδότες, ὡς ὀφείλεταί σφισι χάρις, ἑλόμενοι τὰ τῶν πολεμίων ἐπὶ τὰς αὐτὰς εὐεργεσίας τρέπωνται· λαμβάνει γάρ τι μᾶλλον ὁ προδότῃ διδοὺς ἢ χαρίζεται.
(38.8) διὸ χρὴ προθύμως ἐκτίνειν τὰς ἀμοιβάς· οὐ γὰρ δικαστὴς τῆς ἀδικηθείσης πόλεώς ἐστιν, ἀλλὰ στρατηγὸς τῆς ἑαυτοῦ πατρίδος.

(39.1) πρὸς δὲ τὰς ἐπιθέσεις καὶ τὰς ἐκ προδοσίας νυκτερινὰς καταλήψεις τῶν πόλεων οὐκ ἄπειρον εἶναι δεῖ τῆς ὑπεργείου κατὰ τὴν νύκτα φορᾶς τῶν ἀπλανῶν, ἐπεὶ πολλάκις ἀπράκτους ἕξει τὰς ἐπιβολάς.
(39.2) ἔστιν γὰρ ὅτε συντέτακταί τις τῶν προδοτῶν τρίτην ἢ τετάρτην ἢ ὁπόστην ἄν τις εὔκαιρον ὥραν νομίζῃ τῆς νυκτός, ἀνοίξειν τὰς πύλας ἤ τινας κατασφάξειν τῶν ἐπὶ τῆς πόλεως ἀντιπραττόντων ἢ φρουρᾷ τῶν ἔνδον πολεμίων ἐπιθήσεσθαι· κἄπειτα δυεῖν θάτερον συμβέβηκεν, ἤτοι θᾶττον ἢ ἔδει προσπελάσαντα τὸν τῶν πολεμίων στρατὸν κατάφωρον γενέσθαι, πρὶν ἢ τοὺς προδότας ἑτοίμους εἶναι, καὶ οὕτως ἀποκωλυθῆναι τῆς πράξεως, ἢ ὑστερήσαντα τοῖς μὲν προδόταις αἴτιον γενέσθαι θανάτου φωραθεῖσιν, αὐτὸν δὲ μηδὲν τῶν προκειμένων ἀνύσαι.
(39.3) διόπερ χρὴ καὶ τὴν ὁδὸν τεκμαιρόμενον, ὅθεν ἐξοδεῦσαι δεῖ, <καὶ τῶν> σταδίων καὶ τῆς ὥρας στοχαζόμενον, ὅσον εἰς τὴν πορείαν ἀναλώσει,

(38.7) Bei Verrätern soll man Versprechen und Verpflichtungen halten, nicht wegen des Getanen, sondern im Blick auf Künftiges, damit sie wissen, dass ihnen Dankbarkeit geschuldet wird, wenn sie die Sache ihrer Feinde wählen und sich für ihr eigenes Wohlergehen an einen wenden; es bekommt ja derjenige, der einem Verräter etwas gibt, mehr, als er aufwendet.
(38.8) Deshalb ist es notwendig, die Belohnung bereitwillig zu bezahlen, denn man ist nicht Rächer der verratenen Stadt, sondern *Strategos* der eigenen Heimat.

(39.1) Bei Angriffen und nächtlichen Einnahmen von Städten durch Verrat darf man nicht unerfahren sein in den himmlischen Läufen der Fixsterne bei Nacht, da sonst die Pläne nicht umgesetzt werden.
(39.2) Zum Beispiel hatte einer der Verräter die dritte oder vierte oder sonst eine Stunde der Nacht festgelegt, die er für günstig hielt zum Öffnen der Tore, zur Tötung einiger der Gegner in der Stadt oder zum Angriff auf die feindliche Besatzung in der Stadt; dann aber geschah eines von zwei Dingen: Entweder erreichte man das Heer der Feinde rascher als nötig und wurde entdeckt, bevor die Verräter fertig waren, und die Ausführung wurde so vereitelt, oder man kam zu spät an und wurde so Ursache für die Hinrichtung der Verräter, konnte dann aber selbst keinen der Pläne umsetzen.
(39.3) Daher muss man den Weg festlegen, von wo man aufbrechen will, muss bestimmen, wie viele *Stadia* (s. o. S. 14) weit und zu welcher Zeit man losgeht und wie viel man auf dem Marsch

καὶ ἀπὸ <τῶν ἄστρων ὁρῶν<τα>, πόσον τὸ παρῳχηκὸς ἤδη καὶ πόσον τὸ ἀπολειπόμενον μέρος, οὕτως ἀκριβῶς συλλογισάμενον, ἵνα μήτε φθάσῃ μήτε βραδύνῃ, πρὸς αὐτὴν ἥκειν τὴν ὥραν τοῦ συντεταγμένου καιροῦ καὶ ἔτι προσιόντα[ς] ἀκούεσθαι καὶ ἐντὸς εἶναι τῶν τειχῶν.
(39.4) εἰ δ' ἡμέρας ἀναστήσας ἄγοι στράτευμα πόλεις ἐκ προδοσίας ληψόμενος κατὰ τὴν συγκειμένην ὥραν, τοὺς κατὰ τὴν ὁδὸν ὑποπίπτοντας ἅπαντας προαποστέλλων ἱππεῖς συλλαμβανέτω, μή τις [*fol.* 251r] τῶν ἐπὶ τῆς χώρας φθάσας ἀποδραμὼν μηνύσῃ τὴν ἔφοδον τῶν πολεμίων, ἀλλ' αἰφνιδίως ἀφυλάκτοις ἡ ἐπιφάνεια γένηται τοῦ στρατεύματος.
(39.5) ἐπελθόντα δ' ἐξαίφνης ἀπροσδοκήτοις χρή, <κἂν μὴ> κατὰ προδοσίαν μέλλῃ λαμβάνειν, ἀλλ' ἐκ προρρήσεως ἀγωνίζεσθαι διὰ μάχης, μὴ ἀναβάλλεσθαι, ἀλλ' ὡς ὅτι μάλιστα φθάνειν προσβάλλοντα° εἴτε φρουρίῳ εἴτε χάρακι εἴτε πόλει, μάλιστα δ' ὅτ' ἂν ὀλίγον εἶναι δοκῇ τὸ φίλιον στράτευμα καὶ τῶν ἐχθρῶν ἐλαττούμενον·
(39.6) αἱ γὰρ° ἀπρόληπτοι τῶν πολεμίων ἐπιφάνειαι διὰ τὸ παράλογον ἐκπλήττουσι τοὺς ἐναντίους, κἂν ὦσι κρείττους, ἕως, ἄν γε συνθεωρήσωσιν αὐτοὺς καὶ βουλεύσασθαι καὶ ἀναθαρρῆσαι καιρὸν λάβωσι, κατὰ μικρὸν ἀναγκάζονται καταφρονεῖν· οὕτως ἐνίοτε τὰ πρῶτα καὶ ἀρχόμενα φοβερώτερα τῶν χρονιζομένων εἶναι δοκεῖ.

verbringt, und muss aus der Beobachtung der Sterne genau abschätzen, welcher Teil der Nacht vergangen ist und welcher Teil noch bleibt, damit man weder zu früh noch zu spät kommt. Dann muss man genau zu der festgesetzten Zeit dorthin kommen, damit die Nachricht vom Angriff die Feinde nicht erreichen kann, bis man tatsächlich innerhalb der Mauern steht.
(39.4) Wenn man am Tag aufbricht, leite man das Heer, um Städte durch Verrat in einer bestimmten Stunde einzunehmen, wobei man die auf dem Weg angetroffenen Reiter alle gefangennimmt, damit keiner von denen im Land schneller weglaufen und vor dem Angriff der Feinde warnen kann, sondern damit plötzlich vor Ungeschützten die Erscheinung des Heeres geschieht.
(39.5) Man muss unerwartet über Ahnungslose herfallen, und wenn man nicht erwartet, Städte durch Verrat einzunehmen, sondern nach einer Kriegserklärung offen zu bekämpfen, darf man nicht zögern, sondern muss möglichst stark über Festung, Lager oder Stadt herfallen, besonders wenn man den Eindruck hat, dass das eigene Heer gering und dem der Feinde unterlegen ist.
(39.6) Unerwartete Erscheinungen der Feinde erschrecken ja wegen der Unvermutetheit die Gegner, auch wenn diese stärker sind. Schließlich kommen, wenn diejenigen, die überrascht worden sind, ihre eigenen Kräfte wahrnehmen oder Gelegenheit haben, wieder Mut zu fassen, diese allmählich und notwendigerweise dazu, (ihre Gegner) geringzuschätzen. So scheint der erste Anfang manchmal schrecklicher als die späteren (Kampfzeiten) zu sein.

(39.7) διὸ πολλάκις ἤδη τινὲς τῷ παραδόξῳ τῆς ἐπιφανείας καταπληξάμενοι τοὺς ἐναντίους ἢ ταχὺ καὶ ἄκοντας ὑπέταξαν ἢ ποιεῖν ἑκόντας ἠνάγκασαν τὰ προστιττόμενα.

(40.1) πολιορκία δὲ στρατιωτῶν° ἀνδρίαν ἐπιζητεῖ καὶ στρατηγικὴν ἐπίνοιαν καὶ μηχανημάτων παρασκευήν· ἀσφαλὴς μέντοι καὶ μὴ ἧττον ἀπροόρατος τῶν πολιορκουμένων ἔστω· τὸ γὰρ ἐπιβουλευόμενον, ὅτ' ἂν οἷ κακοῦ τυγχάνει γινώσκῃ, τηρεῖ μᾶλλον τὸ ἐπιβουλεῦον·
(40.2) ὁ μὲν γὰρ ἔξω κινδύνου δοκῶν εἶναι πράττει τι τῶν προκειμένων, ὁπότ' ἂν αὐτῷ δόξῃ, ὁ δ' ἐν αὐτῷ τῷ κινδυνεύειν ὑπάρχων ζητεῖ φθάσας δρᾶσαι, ὁπότ' ἂν καιρὸν λάβῃ· διὸ χρὴ τὸν πολιορκοῦντα καὶ τάφρῳ καὶ χάρακι καὶ φυλακαῖς τὸ ἴδιον ἀσφαλίζεσθαι στρατόπεδον.
(40.3) καὶ γὰρ οἱ μὲν πολιορκοῦντες, ὅ τι ἂν μέλλωσι πράττειν, ὁρῶνται τοῖς ἀπὸ τοῦ τείχους, οἱ δὲ πολιορκούμενοι πρόβλημα τὸ τεῖχος ἔχοντες ἀόρατοι πολλάκις ἐκχυθέντες διὰ πυλῶν ἢ μηχανὰς ἐνέπρησαν ἢ στρατιώτας ἐφόνευσαν ἤ, ὅ τι κατὰ χεῖράς σφισιν εἴη, τοῦτο ἐποίησαν.
(41.1) ἥκιστα δ' ἂν τοῦτο τολμήσαιεν, εἰ παρὰ πύλαις καὶ πυλίσι μικραῖς λόχους ὁ πολιορκῶν προκαθίσῃ° στρατηγὸς τοὺς τὰς αἰφνιδίους ἐκδρομὰς τῶν πολεμίων ἀποκωλύσοντας, ἐπεὶ κἂν πολλάκις λάθοιεν ἐπιθέμενοι τοῖς ἐκτός.

(39.7) Daher haben manche oft durch die Unerwartetheit ihres Erscheinens die Gegner so erschreckt, dass sie jene entweder schnell gegen ihren Willen unterworfen oder gezwungen haben, ihren Befehlen freiwillig nachzukommen.

(40.1) Eine Belagerung verlangt den Mut der Soldaten, strategisches Verständnis und die Bereitstellung von Kriegsmaschinen. Das muss sicher und seitens der Belagerten nicht weniger unvorhergesehen sein. Das angegriffene Heer wird, wenn es eben weiß, was an Schlimmem geschehen kann, mehr auf der Hut sein als das angreifende.
(40.2) Das Heer, das aus der Gefahr zu sein meint, tut etwas von dem Vorliegenden, wenn es ihm richtig scheint, das Heer aber, das in Gefahr schwebt, strebt danach, rascher zu handeln, wenn es eine gute Gelegenheit ergreifen kann. Daher ist es notwendig, dass der Belagernde sein Lager mit Graben, Palisade und Wachen sichert.
(40.3) Was auch immer nämlich die Belagerer tun wollen, kann man von den Mauern aus sehen. Die Belagerten aber haben die Mauer als Schild, ergießen sich oft ungesehen durch die Tore, zünden die Maschinen an, töten die Soldaten oder tun, was auch immer ihnen an Schadensmöglichkeit in die Hände fällt.
(41.1) Die Belagerten würden dies aber keineswegs wagen, wenn der belagernde *Strategos* an Toren und kleinen Türen Soldaten aufstellt, um die plötzlichen Ausfälle der Feinde zu verhindern, da diese sonst oft heimlich denen draußen zusetzen können.

(41.2) χρήσιμοι δὲ τὰ πολλὰ νύκτωρ τοῖς πολιορκοῦσιν αἱ προσβολαί· τοῖς γὰρ ἔνδον οὐ δυναμένοις ὁρᾶν τὰ γιγνόμενα διὰ τὸ σκότος δεινότερα δοκεῖ τὰ πραττόμενα, καὶ τὴν πρόληψιν ἀναγκάζονται χαλεπωτέραν ἔχειν τῶν κατὰ ἀλήθειαν ἐνερ[*fol.* 215v]γουμένων, ὅθεν ταραχαί τε καὶ θόρυβοι γίγνονται οὐδενὸς δυναμένου σωφρονεῖν ἐν τοῖς τοιούτοις, ἀλλὰ καὶ πολλὰ τῶν οὐ δρωμένων ὡς γίγνεται λεγόντων, οὔθ' ὅπῃ προσβαλοῦσιν εἰδέναι δυναμένων, οὔθ' ὁπόσοι, οὔθ' ὁποίοις μέρεσι°, διαδρομαὶ δὲ δεῦρο κἀκεῖσε καὶ βοαὶ καὶ θάμβη Πανικὸν ἔχοντα τάραχον.

(42.1) ὁ γὰρ φόβος ψευδὴς μάντις, ἃ δέδοικε, ταῦτ' οἰήσεται καὶ γίγνεσθαι, καὶ πᾶν τὸ ἐν νυκτί, κἂν μικρὸν ᾖ, φοβερώτερον τοῖς πολιορκουμένοις· οὐδεὶς γάρ, ὃ βλέπει, λέγει διὰ τὸ σκότος, ἀλλὰ πᾶς, ὃ ἀκούει· καὶ ἑνός που φανέντος ἢ δυεῖν ἐπὶ τείχους πολεμίων τὸ πᾶν ἤδη στράτευμα τῶν τειχῶν ἐπιβεβηκέναι δόξαντες ἀπετράπησαν, ἐρήμους καταλιπόντες ἐπάλξεις καὶ πύλας.
(42.2) εἰ δέ τι διὰ χειρὸς ὁ στρατηγὸς ἐξεργάσασθαι σπεύδοι, μὴ ὀκνείτω πρῶτος αὐτὸς ὀφθῆναι ποιῶν· οὐ γὰρ οὕτως ταῖς ἀπὸ τῶν κρειττόνων ἀπειλαῖς ἀναγκαζόμενοί τι ποιοῦσιν, ὡς ταῖς ἀπὸ τῶν σεμνοτέρων διατροπαῖς· ἰδὼν γάρ τις τὸν ἡγεμόνα πρῶτον ἐγχειροῦντα καὶ

(41.2) Für die Belagerer sind Angriffe nachts meistens nützlich, denn dann ist es wegen der Dunkelheit für die drinnen nicht möglich, das Geschehen zu sehen, und es erscheint deshalb schrecklicher. So sind sie gezwungen, den Angriff für schwerer zu halten, als er wirklich durchgeführt ist. Daher entstehen Verwirrung und Lärm; niemand ist in der Lage, unter solchen Umständen Vernunft walten zu lassen, sondern es heißt von vielem, dass es geschehe, obwohl es gar nicht vorfällt. Sie sind nicht in der Lage zu wissen, von wo aus (die anderen) angreifen, wie viele es sind und mit welchen Abteilungen. Das Hin- und Herlaufen, die Schreie und der Schrecken bewirken eine panische Verwirrung.

(42.1) Die Angst ist ja ein falscher Prophet. Man glaubt, das, was man fürchtet, werde auch geschehen. Auch scheint alles in der Nacht, selbst wenn es klein ist, den Belagerten schrecklicher. Wegen der Dunkelheit nennt nämlich niemand, was er sieht, sondern nur all das, was er hört. Wenn ein oder zwei von den Feinden irgendwo an den Mauern sichtbar werden, scheint es ihnen, als habe bereits das ganze Heer die Mauern bestiegen, und sie fliehen, sodass die Zinnen und Tore verlassen werden.
(42.2) Wenn der *Strategos* in Eile ist, etwas durch Zupacken zu beenden, soll er nicht zögern, sich als erster selbst tätig sehen zu lassen; Soldaten werden ja nicht so sehr von den Drohungen ihrer unmittelbaren Vorgesetzten gezwungen, etwas zu tun, wie durch die Beschämung durch höchstrangige Männer: Wenn jemand sah, dass der Kommandant als erster eine Aufgabe anpackt,

ὅτι δεῖ σπεύδειν ἔμαθε καὶ μὴ ποιεῖν ᾐδέσθη καὶ ἀπειθεῖν ἐφοβήθη· καὶ οὐκ ἔθ' ὡς δοῦλον ἐπιταττόμενον διετέθη τὸ πλῆθος, ἀλλ' ὡς ἐξ ἴσου παρακαλούμενον διετράπη.
(42.3) πολλῶν δὲ καὶ ποικίλων ἐκ τῶν μηχανῶν πολιορκητηρίων χρήσεται κατὰ δύναμιν ὁ στρατηγός. οὐ γὰρ ἐπ' ἐμοὶ τὸ λέγειν, ὅτι δεῖ κριοὺς <ἔχειν> ἢ ἑλεπόλεις ἢ σαμβύκας ἢ πύργους ὑποτρόχους ἢ χελώνας χωστρίδας ἢ καταπέλτας· τῆς γὰρ τῶν πολεμούντων τύχης καὶ πλούτου καὶ δυνάμεως ἴδια ταῦτα καὶ τῆς τῶν ἑπομένων ἀρχιτεκτόνων ἐπινοίας° εἰς τὰς ὀργανικὰς κατασκευάς.
(42.4) στρατηγοῦ δ' ἰδίας ἀγχινοίας ἔργον τοιόνδε ἂν εἴη, εἰ βούλοιτο προσβάλλειν μηχανάς· καθ' ἓν μὲν ἀποχρήσθω μέρος τοῖς ὀργάνοις° αὐτοῖς – οὐδὲ γὰρ ἄλλως ἄν τις εὐπορήσει<εν> ἐν κύκλῳ παντὶ τῷ τείχει περιστῆσαι μηχανάς, εἰ μὴ πάνυ μικρὰ πόλις εἴη –, εἰς πολλὰ δὲ τάγματα διελὼν τὸ στράτευμα [καὶ] κατὰ τὰ ἄλλα τοῦ τείχους μέρη κελευέτω τὰς κλίμακας προσφέρειν· οὕτως γὰρ εἰς ἀμηχανίαν οἱ πολιορκούμενοι πολλὴν ἐμπίπτουσιν·
(42.5) ἄν τε γὰρ ἀμελήσαντες τῶν ἄλλων μερῶν τοῦ τείχους ἐπὶ τὰς προσβολὰς τῶν μηχανῶν ἀμύνωσιν, ἅπαντες οἱ κατὰ τὰς κλίμακας μηδενὸς ἀποκωλύοντος ῥᾳδίως ἐπιβαίνουσι τῶν τειχῶν, ἄν τε διελόντες σφᾶς αὐτοὺς ἐπιβοηθήσωσι κατὰ μέρη, σφοδροτέρας ἐνεργείας γιγνομένης κατὰ [*fol.* 216r] τὰς ἐμβολὰς τῶν ὀργάνων οἱ

verstand er, dass es eilt, nichts zu tun schändlich sei und nicht zu gehorchen furchterregend; nicht mehr wie Sklaven eingesetzt sah sich die Masse, sondern auf der gleichen Grundlage wie man selbst gebeten.

(42.3) Von vielen und verschiedenen Belagerungsmaschinen wird der *Strategos* nach Kräften Gebrauch machen. Es ist nicht an mir zu sagen, ob er Widder (mit dem man Mauern zerschlägt), *Helepoleis* (»Stadteinnehmer«, Belagerungstürme), *Sambucae* (Fallbrücken), Türme auf Rädern, »Schildkröten«-Schutzdächer oder Katapulte verwenden muss; dies hängt vom Glück ab, von den Finanzen, von der Streitmacht und von der Fähigkeit der anwesenden Baumeister zur Herstellung der Geräte.

(42.4) Die Aufgabe des eigenen Scharfsinns eines *Strategos* ist von dieser Art, wenn er Maschinen einsetzen möchte. An einem Teil des Geländes – sonst nämlich hätte er keine ausreichende Menge an Maschinen, um sie in einem Kreis aufzustellen, wenn die Stadt nicht sehr klein wäre – soll er mit den einzusetzenden Geräten selbst das Heer in viele Einheiten aufteilen und an den anderen Teilen der Mauer die Leitern aufzustellen befehlen, denn so werden die Belagerten auf vielfältige Weise handlungsunfähig gemacht.

(42.5) Wenn sie nämlich die anderen Teile der Mauer vernachlässigen und nur die Angriffe der Maschinen abwehren, werden alle, die mit Leitern angreifen, leicht und ungehindert über die Mauer klettern, wenn sie aber ihre Kräfte teilen und zu jedem Teil Hilfe entsenden, während die Schlacht durch den Angriff dieser Geräte gewalttätiger wird, werden diejenigen, die übrig sind

καταλειφθέντες° οὐδὲ μάχεσθαι τούτοις τολμήσαντες ἀδυνατήσουσι τὸ ἐπιφερόμενον κακὸν ἀποκρούεσθαι.

(42.6) διόπερ καθάπερ ἀγαθὸν παλαιστὴν προδεικνύειν μὲν καὶ σκιάζειν εἰς πολλὰ μέρη δεῖ περισπῶντα καὶ ἐπισφάλλοντα δεῦρο κἀκεῖσε πρὸς πολλὰ τοὺς ἀντιπάλους, ἑνὸς δὲ ζητεῖν ἐγκρατῶς λαβόμενον ἀνατρέψαι τὸ πᾶν σῶμα τῆς πόλεως.

(42.7) εἰ δ' ἐν τάχει σπεύδοι τις ἐξελεῖν φρούριον ἢ πόλιν ἢ χάρακα καὶ αὐτῷ κάμνοι ἡ δύναμις μηδὲ μίαν ὥραν ἀποστῆναι βουλομένῳ τῶν ἐρυμάτων, εἰς τάγματα διελὼν τὸ στράτευμα, ὅσ'° ἂν ἱκανὰ εἶναί οἱ δοκῇ κατὰ τὴν ἀναλογίαν τοῦ πλήθους καὶ κατὰ τὸ μέγεθος τῆς πολιορκουμένης πόλεως, νυκτὸς ἀρξάμενος εὐθὺς τῷ μὲν πρώτῳ προσβαλλέτω τάγματι τῷ δευτέρῳ κελεύσας° ἐφεδρεύειν καὶ ἑτοίμῳ εἶναι, τῷ δὲ τρίτῳ καὶ τετάρτῳ, καὶ εἰ τύχοι πέμπτον ὄν, παραγγελλέτω τρέπεσθαι κατὰ κοῖτον·

(42.8) εἶτα, ὅταν τῷ πρώτῳ καταπειράσῃ τινὰ χρόνον, τούτους μὲν ἀνακαλεσάμενος ἀποπεμπέτω κοιμησομένους, σημαινέτω δὲ τῷ δευτέρῳ προϊέναι τοῦ χάρακος, ὁ δὲ τρίτος ταγματάρχης ἀναστήσας ἐν τούτῳ καθοπλιζέτω τὸ ὑφ' ἑαυτὸν τάγμα·

(42.9) καὶ μετὰ τοὺς δευτέρους τὴν ἴσην ὥραν τοῖς πρώτοις ἀγωνίζεσθαι ἄξει° τὸ τρίτον, κοιμάσθω δὲ τὸ δεύτερον <τάγμα>, μετὰ τοῦτο δ' αὖ τὸ τέταρτον, εἶθ' ἑξῆς τὸ πέμπτον, ἐν μέρει τῶν στρατιωτῶν ἀναπαυομένων.

und nicht wagen, mit ihnen zu kämpfen, nicht in der Lage sein, die vorrückende Bedrohung abzuwehren.

(42.6) Deshalb muss man wie ein guter Ringer Schein- und Schattenangriffe an vielen Teilen machen, indem man (seine Widersacher) umherlockt und täuscht, hierhin und dorthin an viele Stellen, und dabei einen Ort festhalten, um den ganzen Körper der Stadt umzuwerfen.

(42.7) Wenn man schnell eine Festung, eine Stadt oder ein Lager erobern will und einem die Kraft ermüdet, man aber nicht eine Stunde davon abstehen will, die Verteidiger anzugreifen, soll man das Heer in Einheiten aufteilen, so viele, wie für die Zahl und die Größe der belagerten Stadt ausreichend scheinen. Dann soll man sofort bei Einbruch der Nacht mit der ersten Abteilung angreifen, wobei man der zweiten befiehlt, aufzurücken und in Bereitschaft zu sein, der dritten, vierten und gegebenenfalls fünften aber, zum Schlafen zu gehen.

(42.8) Wenn dann von der ersten Abteilung eine Zeit lang Angriffe unternommen worden sind, soll man sie abrufen und zum Schlafen fortschicken, der zweiten Abteilung aber das Signal geben, aus dem Lager zu marschieren; der Kommandant der dritten Abteilung soll in diesem Moment die ihm unterstellte Abteilung aufstehen lassen und bewaffnen.

(42.9) Nachdem die zweite Abteilung so lange gekämpft hat wie die erste, wird man die dritte herausführen und die zweite zur Ruhe bringen, danach die vierte und dann die fünfte, während die anderen Soldaten wiederum ausruhen.

(42.10) ὁμοίως δ’ ἐπισυναπτούσης τῆς ἡμέρας οἱ πρῶτοι τῇ νυκτὶ προσβαλόντες ἕωθεν πάλιν πρῶτοι προσαγόντων· εἶθ’ ὥρας°, εἰ μὲν ἓξ εἴη τάγματα, δύο κινδυνεύσαντες, εἰ δὲ πέντε, δυσὶν ἔτι μικρὸν ἐπιθέντες, εἰ δὲ τέτταρα, τρεῖς, εἰ δὲ τρία, τέτταρας, ἀπιόντες ἀριστοποιείσθων, ἑξῆς δ’ οἱ μετ’ αὐτοὺς καὶ πάλιν οἱ μετὰ τούτους ἄχρι τῶν τελευταίων, ὥστε κύκλον τινὰ περιάγεσθαι.
(42.11) τούτου γὰρ συμβαίνοντος ἀμφότερα ἂν γίγνοιτο· καὶ αἱ προσβολαὶ καὶ νύκτωρ καὶ μεθ’ ἡμέραν ἀδιάλειπτοι προσαχθήσονται, καὶ οἱ προσβάλλοντες ἀκμῆτες καὶ νεαροὶ τὰς ἀναπαύσεις ἐν μέρει ποιούμενοι μαχοῦνται.
(42.12) τοὺς μέντοι πολιορκουμένους μηδ’, ἂν πάνυ πολλοὶ τυγχάνωσιν, οἰέσθω τις τὸ αὐτὸ στρατήγημα ἀντεισοίσεσθαι· τὸ γὰρ κινδυνεῦον, οὐδ’ ἂν ἐπιτρέπῃ τις, ὕπνῳ χαρίζεσθαι βούλεται· φόβῳ γὰρ τοῦ δεινοῦ, παρ’ ὃν ἀναπαύεται χρόνον, <ὡς> ἁλωσομένης τῆς πόλεως ἐγρήγορε· καὶ τὸ πολιορκούμενον, κἂν ὀλίγον ᾖ τὸ πολιορκοῦν αὐτό, πασσυδὶ προσαμύνει, καὶ πᾶν ὅσον ἐν-[*fol.* 216v]τειχ[ε]ίδιόν ἐστι κεκίνηται, ὅτι καὶ τὸ μέλλον φοβερώτερον, ὡς, εἰ παρὰ μικρὸν ἀμελήσαιεν, ἀπολούμενοι πάντες.
(42.13) ὅθεν δὴ πᾶσα ἀνάγκη τρυχομένους αὐτοὺς καὶ μηδὲ μίαν ὥραν ἀνάπαυλαν ἴσχοντας, ἀλλὰ καὶ [γ’] ἀγρυπνίαις καὶ πόνοις κάμνοντας, εἶ<τα> καὶ [τὰ] πρὸς τὰ μέλλοντα τεταλαιπωρηκότας ἀσθενέστερον τοῖς σφετέροις προσαμύνειν ἢ τοὺς δεησομένους καὶ παραδώσοντας τὴν πόλιν ἐκπέμπειν.
(42.14) αὐτὸς οὖν ὁ στρατηγός, ἴσως φήσει τις, ἐξ ἀδάμαντος ἢ σιδήρου κεχάλκευται μόνος

(42.10) Ebenso sollen bei Tagesanbruch diejenigen, die als erste nachts angegriffen hatten, im Morgengrauen wieder als erste anfangen; wenn sie danach, sofern es sechs Abteilungen gibt, zwei Stunden lang gekämpft haben – wenn es fünf sind, etwas mehr als zwei, wenn es vier sind, drei, wenn es drei sind, vier –, sollen sie abtreten und ihre Mahlzeit einnehmen, dann der Reihe nach die nach ihnen und wiederum die nach jenen, bis eine Art Kreis geschlossen worden ist.
(42.11) Wenn dies geschieht, kann beides eintreten: unaufhörliche Angriffe bei Nacht und Tag, und Angreifer, die sich zur Ruhe wenden, sowie andere, die frisch und kräftig in ihrer Abteilung kämpfen.
(42.12) Dass die Belagerten selbst, wenn sie sehr zahlreich sind, dieselbe Kriegslist anwenden könnten, soll man nicht meinen; in Gefahr würde ja niemand, auch wenn es ihm zugesagt wäre, den Schlaf genießen wollen. Aus Angst vor dem Schrecklichen liegt er die Zeit, in der er ausruhen solle, wach, als würde die Stadt gerade eingenommen. Die Belagerten verteidigen sich, auch wenn die Angreifer nur wenige sind, mit all ihrer Kraft, und alles in den Mauern der Stadt ist in Aufregung und in noch größerer Furcht vor der Zukunft, als ob sie, wenn auch nur ein Detail übersehen würde, alles verlören.
(42.13) Daher gibt es jeden Grund, weshalb Männer ohne eine einzige Stunde Ruhe, müde vom Wachsein und der Anstrengung, verzweifelt über die Zukunft, sich schwächer verteidigen oder Boten für die Aufgabe der Stadt entsenden.
(42.14) Hat aber der *Strategos* selbst dann – wie man vielleicht sagen mag – aus Diamant oder

ἄγρυπνος ἑστὼς ἐπὶ τοῖς αὐτοῖς ἔργοις; οὐ δῆτα· ἀλλὰ παρ' ὃν ἀναπαύεται χρόνον – οὗτος° δ' ὀλίγος ἔστω καὶ σύντομος –, ἕνα τῶν° ἐν δόξῃ πιστοτάτων καὶ ἀνδρειοτάτων ἡγεμόνα τῶν καὶ τὰ δεύτερα τῆς στρατηγικῆς ἀρχῆς ἐχόντων ἐπιστησάτω τοῖς ἔργοις.

(42.15) ἐνίοτε δὲ τὰ δοκοῦντα μέρη πόλεως εἶναι κρημνώδη καὶ πέτραις ἀποτόμοις ὠχυρωμένα τῶν διὰ χειρὸς ἀνεστηκότων τειχῶν ἔδωκε τοῖς πολιορκοῦσιν ἀφορμὰς μείζονας εἰς τὸ νικᾶν· εἴωθεν γάρ πως ὡς τὰ πολλὰ τὰ τοιαῦτα τῶν πόλεων, ὅσα φύσει πιστεύεται τὸ ἐρυμνόν, ἀφυλακτεῖσθαι καὶ ἥκιστα φροντίδι παραγρυπνεῖσθαι στρατιωτῶν.

(42.16) ἔνθα στρατηγὸς ἀγαθὸς ἐνόησεν ὃ δεῖ ποιῆσαι, καί τινας τῶν εὐτολμοτάτων παρακαλέσας ἐπαγγελίαις καὶ τιμαῖς ὀλίγους, οἷς ῥᾷον ἀναβαίνειν εἴτε δι' αὐτῆς τῆς δυσχωρίας, εἴτε διὰ κλιμάκων, ἐκράτησε τῆς πράξεως· ὑποκαταβάντες γὰρ ἐντὸς τείχους ἢ πυλίδα διέκοψαν ἢ πύλην ἀνέῳξαν.

(42.17) μέγα δ' ἂν ὀνήσειε καί τι τοιόνδε συνεπινοηθέν, εἰ καὶ σαλπιγκτὰς οἱ φθάσαντες ἐπιβῆναι τοῦ τείχους ἀνιμήσαιεν·° ἀκουσθεῖσα γὰρ πολεμία σάλπιγξ ἀπὸ τειχῶν ἐν νυκτὶ πολλὴν ἔκπληξιν ἐπιφέρει τοῖς πολιορκουμένοις ὡς ἤδη κατὰ κράτος ἑαλωκόσιν, ὥστε τὰς πύλας καὶ τὰς ἐπάλξεις ἀπολιπόντας φεύγειν· ὅθεν δήπου

Eisen gemacht zu sein und als einziger wach zu bleiben bei all diesen Aktionen? Sicherlich nicht! Doch während der Zeit, in der er sich ausruht – und die muss wenig sein und kompakt –, soll er einen der seiner Meinung nach vertrauenswürdigsten und mutigsten Kommandanten für die Aufgaben einsetzen, auch wenn dieser im Feldherrenrang nur an zweiter Stelle steht.

(42.15) Manchmal haben die Teile einer Stadt, die steil und durch felsige Abhänge besser befestigt schienen als durch die von menschlichen Händen errichteten Mauern, den Belagerern einen besseren Zugang zum Sieg gewährt. Gewöhnlich war nämlich die Mehrzahl der Orte dieser Art, weil man sich auf die natürliche Verteidigung verließ, nicht bewacht und am wenigsten von der stets wachen Sorge der Soldaten geschützt.

(42.16) Hatte der gute *Strategos* dann bedacht, was er tun müsse, ermutigte er mit Versprechungen und Ehren einige wenige der Tapfersten, die am besten in der Lage waren, durch das unwegsame Gelände oder auf Leitern zu steigen, und bemächtigte sich so der Sache: Nachdem jene innerhalb der Mauern heimlich herabgestiegen waren, brachen sie eine Pforte auf oder öffneten ein Tor.

(42.17) Von großem Nutzen war wohl eine Erfindung von der Art, dass diejenigen, die es geschafft haben, die Mauern zu besteigen, hinter sich Trompeter heraufziehen. Ein feindliches Trompetensignal, das nachts von den Mauern gehört wird, bringt ja den Belagerten großen Schrecken, als wären sie schon mit Macht überwältigt worden, sodass sie die Tore und Befestigungen verlassen und fliehen. Daher ergibt es sich nun, dass die Solda-

συμβαίνει γίγνεσθαι τοῖς ἔξω στρατιώταις ῥᾳδίαν τήν τε τῶν πυλῶν ἐκκοπὴν καὶ τὴν ἐπὶ τὰ τείχη διὰ τῶν κλιμάκων ἀνάβασιν, οὐδενὸς ἔτι τῶν πολεμίων ἀπείργοντος· οὕτως που δυνατὸν ἑνὶ καὶ ἀνόπλῳ σαλπιγκτῇ πόλιν ἁλῶναι.

(42.18) εἰ δὲ δή τινα ἀκμάζουσαν ἔτι πλήθει τε καὶ δυνάμει πόλιν ἐρρωμένως° ἑλὼν εἰς φόβον ἢ ὑπόνοιαν ἥκοι, μή ποτε κατὰ τάγματα καὶ συστροφὰς ὑπαντιάζοντες ἀμύνωνται τοὺς ἐπεισπίπτοντας ἢ τὰ μετέωρα καταλαμβανόμενοι καὶ τὰ ἄ[*fol.* 271r]κρα τῆς πόλεως ἔνθεν ἀντεπίοιεν ἐπὶ πολὺ κακώσοντες τοὺς πολεμίους, κηρυττέτω τοὺς ἀνόπλους μὴ κτεῖναι.

(42.19) <ἕ>ως γὰρ ἕκαστος ἐλπίζει ληφθεὶς τεθνήξεσθαι, βούλεται φθάνειν δράσας καὶ πάσχων ἀλλά τι καὶ δρᾶν, πολλοί τε ἤδη πολεμίους εἰσκεχυμένους ἐξήλασαν <ἢ> καὶ μὴ δυνηθέντες εἰς ἀκρόπολιν ἐρυμνὴν κατειλήθησαν, ἔνθεν αὖθις εἰς πόνον καὶ ταλαιπωρίαν κατέστησαν[το] τοὺς πολεμίους, ὥστε δευτέραν ἐπαναιρεῖσθαι πολιορκίαν [ἢ καὶ]° πολυχρονιωτέραν, ἔστιν δ᾽ ὅτε καὶ ἐπαλγεστέραν μετὰ πολλῆς πείρας κακῶν.

(42.20) εἰ δὲ διαβοηθείη τόδε τὸ κήρυγμα, τάχα μὲν καὶ πάντες, ὡς δὲ πρόδηλον εἰπεῖν, οἵ γε πλείους τὰ ὅπλα ῥίψουσι· τῶν τε γὰρ βουλομένων δι᾽ ὀργῆς ἕκαστος εἰς ἄμυναν ἰέναι δεδιὼς τὸν πέλας, μή ποτε οὐχ ἑαυτῷ ταὐτὰ φρονῇ°, ῥίπτειν ἀναγκασθήσεται, ὥστε, κἂν πάντες βούλωνται τὰ ὅπλα φυλάττειν, διὰ τὴν πρὸς ἀλλήλους

ten außerhalb leicht das Aufbrechen der Tore und das Erklettern der Mauern mit Leitern schaffen, da keiner von den Feinden sie mehr daran hindert. So ist es irgendwie möglich, dass ein einziger unbewaffneter Trompeter eine Stadt einnimmt.

(42.18) Wenn man eine Stadt, die an Fülle und Macht blüht, mit einer Streitkraft gewaltsam einnimmt und befürchtet oder vermutet, dass die Bewohner sich in Einheiten und Gruppen entgegenstellen und die Eindringlinge abwehren oder die Höhen und die Burg der Stadt besetzen, von dort her entgegenmarschieren und den Feinden viel Schlimmeres antun, soll man befehlen, alle Unbewaffneten nicht zu töten.

(42.19) Solange nämlich *jeder* Mensch erwartet, dass er nach der Gefangennahme getötet wird, wünscht er zuerst, etwas Tapferes zu tun und, obwohl er leidet, noch etwas zu erreichen. Viele Einwohner von Städten haben Feinde vertrieben, auch wenn die schon eingedrungen waren, oder haben, wenn sie dies nicht konnten, die befestigte Burg besetzt, von der sie den Feinden wiederum Mühsal und Verlust bereitet haben, sodass diese die zweite, länger währende Belagerung einrichten mussten, was manchmal mit viel Leiden verbunden und noch schmerzhafter war.

(42.20) Wird aber die oben genannte Ankündigung ausgerufen, werden – was zu sagen offenkundig ist – schnell alle Einwohner oder zumindest die meisten ihre Waffen wegwerfen. Jeder nämlich, der sich voll Zorn verteidigen wollte, wird seinen Nachbarn fürchten, dass dieser nicht dasselbe wie er denkt, und gezwungen sein, seine Waffen wegzuwerfen, sodass, auch wenn alle eigentlich ihre Waffen behalten wollen, wegen

ὑπόνοιαν αὑτὸν ἕκαστον δεδιότα, μὴ μόνος ὡπλισμένος ληφθῇ, σπεύδειν ἀποτιθέμενον° – οἱ γὰρ ὀξεῖς καιροὶ τὴν κοινὴν γνώμην φανερὰν οὐκ ἐῶσι γίγνεσθαι –, οἵ τε ἕτοιμοι πρὸς τὸ σώζεσθαι, μέχρι μὲν οὐδὲν εἰς ἐλπίδα κεκήρυκται σωτηρίας, εἰ καὶ μὴ γνώμῃ, <ἀλλ'> ἀνάγκῃ τὸ ἐπιὸν ἀμύνονται κακόν, ἐπειδὰν δὲ μικρὰν ἐλπίδα τοῦ σώζεσθαι λάβωσιν, ἱκέται τὸ λοιπὸν ἀντὶ πολεμίων ὑπαντῶσιν.

(42.21) οὕτως τε ὁ μὲν κηρύξας καὶ τοὺς τὰ ὅπλα φυλάττειν βουλομένους ῥίπτειν αὐτὰ° ἀναγκάζει· στρατιωτῶν δὲ θάνατος ἐν μὲν μάχαις εὐπαραμύθητος – δοκεῖ γὰρ τοῦ νικᾶν ἕνεκεν γεγονέναι –, ἐν δὲ νίκαις καὶ καταλήψεσι πόλεων τοῖς νικῶσιν οἴκτιστος, ἀφροσύνης τε μᾶλλον ἢ ἀνδρίας μαρτύριον·°

(42.22) εἰ μέντοι μνησικάκως ἔχοι τοῖς ἡττημένοις στρατηγός, μὴ παρὰ τούτοις οἰέσθω τι φέρεσθαι βλάβος, ὅτι τοὺς [μὴ] ἐντυγχάνοντας μὴ εὐθὺς κτενοῦσι· σχολῇ γὰρ βουλεύσεται μετὰ τοῦ ἀκινδύνου τὴν ἄμυναν ἀν<αν>ταγώνιστον ἔχων, τί χρὴ διαθεῖναι τοὺς ἑαλωκότας.

(42.23) εἰ δὲ τὴν κατὰ κράτος ἀπεγνωκὼς ἐκπόρθησιν εἰς χρόνιον καταβαίνοι πολιορκίαν οἰόμενος λιμῷ πιέσας° τὴν πόλιν αἱρήσειν, ἅ τινα ἂν ἐπὶ τῆς χώρας ἔτι καταλάβῃ σώματα,

der gegenseitigen Verdächtigungen untereinander jeder jeden fürchtet, dass er nicht als einziger Bewaffneter übrig ist, und sich deshalb beeilen, sie aufzugeben – die hektischen Zeiten erlauben ja nicht, dass eine gemeinsame Haltung offenbar wird. Diejenigen, die bereit sind, ihr eigenes Leben zu schützen, solange keine Hoffnung auf Rettung angekündigt worden ist, bemühen sich, die drohende Gefahr abzuwenden, und zwar nicht, weil sie wollen. Vielmehr werden sie, wenn sie eine kleine Hoffnung auf Sicherheit behalten wollen, gezwungenermaßen aus Feinden zu Schutzflehenden.

(42.21) So also zwingt diese Ankündigung auch diejenigen, die ihre Waffen behalten wollen, dazu, sie wegzuwerfen. Wenn der Tod von Soldaten in der Schlacht geschieht, ist das eigentlich ein guter Trost – er scheint ja um des Sieges willen erfolgt zu sein –, aber in den Siegen und in der Besetzung von Städten ist er für die Sieger als Beweis für Gedankenlosigkeit und nicht für Tapferkeit zu betrauern.

(42.22) Wenn aber der *Strategos* an den Besiegten Rache üben will, soll er nicht glauben, dass ihnen kein Schaden geschehe, wenn seine Männer nicht alle, die sie antreffen, sofort töten. In der Muße wird er in der Lage sein, zu der gefahrlosen Einnahme die Rache in Bezug zu setzen, außerdem das Schicksal, das die Eroberten erleiden müssen.

(42.23) Wenn der *Strategos* daran verzweifelt, eine Stadt mit Gewalt zu erobern, und sich auf eine längere Belagerung einlässt, weil er glaubt, dass er die Stadt dann einnehmen wird, wenn sie hart von einer Hungersnot bedrückt wird, soll

τούτων τὰ μὲν ἐρρωμένα καὶ ἀκμάζοντα ταῖς ἡλικίαις εἰς ἄμυναν πολέμου λαβών, ὅ τι περ ἂν αὐτῷ δόξῃ, διαθέσθω, γύναια δὲ καὶ παιδάρια καὶ ἀσθενεῖς ἀνθρώπους καὶ γεγηρακότας ἑκὼν εἰς τὴν πόλιν ἀποπεμπέτω· ταῦτα γὰρ ἄχρηστα μὲν εἰς τὰς πράξεις ἔσται°, τὰς <δὲ> παρεσκευασμένας° τοῖς ἔνδον τροφὰς θᾶττον [*fol.* 217v] συναναλώσει, καὶ πολεμίων μᾶλλον ἢ φιλίων ἐφέξει τρόπον.

(42.24) εἰ δέ τῳ πάντα κατὰ δαίμονα καὶ νοῦν χωρήσειεν, ὥστε τοῖς ὅλοις ἐπιθεῖναι τοῦ πολέμου πράγμασι τέλος, ἔστω μὴ βαρὺς ἐπὶ ταῖς εὐπραγίαις, ἀλλὰ φορητός°, μηδὲ τύφον ἀπηνῆ περιφέρων, ἀλλ' εὐμένειαν προσφιλῆ ἔχων· ὁ° μὲν γὰρ φθόνον ἐγέννησε, αὕτη° δὲ ζῆλον ἐπεσπάσατο.

(42.25) φθόνος μὲν οὖν ἐστιν ὀδύνη τῶν περὶ° τοὺς πέλας ἀγαθῶν, ζῆλος δὲ μίμησις τῶν παρ' ἄλλοις καλῶν, τοσοῦτόν τε διενήνοχεν ἀλλήλων, ὥστε τὸ μὲν φθονεῖν εὐχὴν εἶναι τοῦ καὶ παρ' ἄλλῳ τι καλὸν μὴ εἶναι, τὸ δὲ ζηλοῦν ἐπιθυμίαν τῆς τῶν ἴσων κτήσεως.

(42.26) ἀνὴρ οὖν ἀγαθὸς οὐ μόνον πατρίδος τε καὶ στρατιωτικοῦ πλήθους ἄριστος ἡγεμών, ἀλλὰ καὶ τῆς περὶ αὐτὸν εἰς αἰεὶ εὐδοξίας ἀκινδύνου οὐκ ἀνόητος στρατηγός.

[Ὀνασάνδρου στρατηγικός]

er alle Personen gefangennehmen, die noch auf dem Land sind. Von diesen soll er die kräftigen und in der Blüte des Lebens stehenden Männer zur Abwehr im Krieg einsetzen, wie es ihm am besten scheint, die Frauen, Kinder, Schwachen und Alten aber soll er freiwillig in die Stadt schicken. Sie werden dort in der Praxis nutzlos sein, aber schneller die Vorräte der Belagerten verbrauchen und eher zum Nachteil der Feinde als der eigenen Leute werden.

(42.24) Wenn der Krieg in allem nach dem *Daimon* (göttlichen Wesen; vgl. 10.27) und dem Wunsch des *Strategos* verläuft, sodass er den ganzen Angelegenheiten des Krieges ein gutes Ende bereitet, soll er nicht in seinem Glück übertreiben, sondern erträglich sein und nicht gewalttätige Dummheit zeigen, sondern freundlichen guten Willen. Erstere nämlich erregt Neid, zweiterer ruft Nacheiferung hervor.

(42.25) Neid ist ein Schmerz wegen der Güter bei den Nachbarn, Nacheiferung aber die Nachahmung der guten Qualitäten anderer, sodass der Neid das Verlangen ist, dass ein anderer kein Glück haben solle, die Nacheiferung hingegen der Wunsch, dem Vermögen gleichzukommen.

(42.26) Ein guter Mann wird also nicht nur der beste Kommandant des Vaterlands und der Menge sein, sondern durch den ständigen Schutz seines eigenen ungefährdeten Ansehens auch ein nicht unvernünftiger *Strategos*.

(Zur Schlusszeile, die den Namen des Autors und den Titel des Werks bezeugt, s. o. S. 8.)

Anhang

Textkritischer Apparat

Der für dieses Buch neu erstellte Text beruht auf der ältesten und besten erhaltenen Abschrift von Onasandros' Werk im *Codex Laurentianus* LV 4 (s. o. S. 13 f.), dessen Seiten (*folia*) angegeben werden. Der altertumswissenschaftlichen Forschung ist es weitgehend gelungen, Fehler im *Codex Laurentianus* (und für den Beginn des Werks in den *Codices* der anderen Familie) zu beheben. Buchstaben und Textteile, die im *Codex* zu viel sind, stehen in der vorliegenden Ausgabe in eckigen Klammern, spitze Klammern umschließen notwendige Ergänzungen und runde Klammern umfassen die moderne Einteilung in Kapitel und Paragraphen (Abschnitte). Der nachstehende kritische Apparat, auf den in der Edition mit dem Zeichen ° verwiesen wird, verzeichnet alle modernen Korrekturen (abgesehen von Abweichungen in diakritischen Zeichen und Worttrennungen). Zunächst genannt werden der Lesetext in diesem Band und, wo die Verbesserung nicht auf Köchly 1860 zurückgeht, der Urheber der Korrektur (siehe die Literaturhinweise S. 155 ff.), dann nach einer Klammer die Lesart des jeweiligen *Codex*.

Pr.1 λελογχόσι] λελογχῶσιν *Codex Vaticanus, Codex Parisinus*
Pr.1 ταῖς Korais] τοῖς *Codex Vaticanus, Codex Parisinus*
Pr.2 σφίσι] φησὶ *Codex Vaticanus, Codex Parisinus*
Pr.3 πέπρακται] πρα/// *Codex Vaticanus, Codex Parisinus*
Pr.4 ἐπῄρθησαν Lucarini] ἐγέρθησαν *Codex Vaticanus, Codex Parisinus*
Pr.6 Mit ταύτης beginnt *Codex Laurentianus*,
dessen Lesarten ab hier nach der Klammer verzeichnet sind.
1.6 ὕστατος] ὕστερος
1.8 γὰρ Schwebel] δ'
1.10 ἔμφρονος] ἐμφρόνως
1.11 ἐνδόσει Lucarini] ἐμπτώσωει
1.12 στρατηγὸν Schwebel] στρατηγοῦ
1.15 ἐξαθυμούσας Lucarini] ἐξ ἀθυμίας
1.18 εἴρηκα] εἴρηκε
1.21 ἢ] εἰ
1.22 ὡς Lucarini] καὶ
1.22 ἐκείνων] ἐκεῖνον οὐ
2.4 αἱρουμένους] αἱρουμένοις
3.3 πᾶσι] πάση
4.2 μέλλῃ] μέλλει

4.4 συγκαταρρυησομένων] συγκαταρτισομένων
4.5 αὐτῷ] αὐτὸν
4.6 κατεφρόνησεν] κατεφρόνησαν
5.1 ἰδίου] δία
6.1 βλέποντες] βλέποντας
6.5 καιρὸν] καιρῶν
6.5 τοιοῦτον] τοσοῦτον
6.6 πάνυ] πάλιν
6.9 δὲ] δὴ
6.9 σύνοπτον] σύνοπτος
6.9 <πορείαν> Lucarini
6.10 ἐπὶ πλεονεξίαν· μικραὶ] ἐπιπλέον ἕξει· αἱ μακραὶ
6.12 ἀναγκαῖα] ἀν καὶ ἃ
6.12 φειδέσθω] φείδεσθαι
6.13 λυπρᾶς Sagundinus] λαμπρᾶς
7.1 μέλλῃ] μέλλει
7.2 δὲ] μὲν
8.2 μέλλῃ] μέλλοι
8.2 νοτερά] νοσερά
9.1 γιγνόμεναι] γιγνόμενοι
9.2 χειμασίαις] χειμαδίαις
10.4 βεβωλασμένα πεδία] βελόνας spatium
10.4 βουνοὺς ἢ ὀρθίους] ὀρθίους βουνοὺς
10.4 ἐκβαλοῦντας] ἐκβάλλοντας
10.5 ἐσθίει καὶ πίνει] ἐσθίῃ καὶ πίνῃ
10.7 γίγνονται] γίγνωνται
10.9 ἀποπέμψας] ἀποπέμψαι
10.10 τοὺς αὐτούς] τούτοις
10.11 συνεκλύουσι … μαραίνουσαι Lucarini] συνεκλύουσαι … μαραίνουσιν
10.12 <προσι>όντας Schwebel] ὄντας
10.14 ἠλπίσθη] ἐλπίσθέν
10.15 καθηγήσεσθαι Lucarini] καθηγήσασθαι
10.15 ἐγχειρίσαι] ἐγχειρῆσαι
10.16 ἐκτείνωσι] ἐκτείνουσι
10.19 μήτε] εἶτε
10.20 ἀπροσδόκητοι] ἀπροσδόκητον
10.20 δεῖ] δὴ
10.21 [εἴσεται] Lucarini
10.22 φρούριον] φρουρίων
10.23 ὄντος τοῦ παρ' ὃν] ὄντων τὸ παρὸν
10.23 ἔστω] ἔσται
10.24 παρ' οὓς ἐροῦντές τι] αἱροῦνται ἔτι
10.27 ἐλύπησεν] ἑαυτῆς ἓν
11.3 εἰ] ᾖ
11.3 δὲ] δὴ
11.3 τῆς εἰσβολῆς] ταῖς εἰσβολαῖς
11.3 πρῶτον Lucarini] παριὼν

11.5 ληφθῆναι] λειφθεῖναι
13.3. [ἐξ] Lucarini
14.1 τὸν] τῶν
14.3 τῷ φόβῳ] τοῦ φόβου
14.4 τῆς ἀληθείας Schwebel] ταῖς ἀληθείαις
16.1 ἐπὶ κέρως] ἐπικήρως
17.1 <οἱ ἀκοντίσται> Lucarini
20.1 δὲ] μὲν
20.1 μὲν] δὲ
20.1 ἀνδρομήκεις] ἐπιμήκεις
20.1 γένωνται] γίνωνται
21.1 πολεμίων Korais] πεδίων
21.1 ὑποστέλλων] ἀποστέλλων
21.2 μέντοι] μὲν γὰρ
21.3 στρατηγός τις] γὰρ ὅστις
21.3 ἐλάττοσι] ἐλαττωσιν
21.3 ἀπωθεῖται] ἀπωτελεῖται
21.5 ἔνδον Lucarini] ὁδὸν
21.6 ᾗ] οἱ
21.6 χώρας] χορείας
21.7 διαμένωσιν Korais] δὴ μένωσιν
21.9 ἐνίοτε] ἐνίους
21.9 ἐπικέονται] ἐπικέωνται
22.2 τι] τὸ
22.2 παραγγείλας] παραγγεῖλαι
22.4 κελεῦσαι] κελεῦσας
23.1 ἐάν] κἂν
24.1 ὑπὲρ] ὑπὸ
25.1 πάντων] πάντας
25.2 τούτους τοῖς] αὐτοὺς τούτοις
28.1 αἰθύγμασι] αἰθίγμασι
29.1. ἀεὶ] Lucarini καὶ
32.4 τῷ] τὸ
32.5 τότ'] πότ'
32.6 <οὐκ> Lucarini
32.8 ἐπεὶ τοῖς
32.9 νίκης] νίκαις
32.10 ἐκτάσσουσιν Lucarini] ἐκτάξουσιν
33.2 μειζόνων Lucarini] ἀμεινόνων
33.5 δεῖ] δὴ
34.1 χρῆσθαι] χρηστὰ
34.2 πανοπλίαι] πανοπλίας
34.4 εἰ] ἢ
34.5 συνοίσοι] συνοίσει
34.5 ἡττημένων] ἡττωμένων
35.3 οὔ γε] οὔτε
35.3 παρὰ τοὺς] παρ' αὐτοῖς
35.3 ἡττημένων] ἡττωμένων

35.4 δεῖ κτεῖναι Lucarini] δὲ καὶ
36.1 ὁσία] ὅση
36.2 ἀτύμβευτον] ἀτύμβοτον
36.6 ἂν] ἀρ'
37.2 οὔτ'] οὐκ
37.2 ὕποπτον] αὔτοπτον
37.2 τὸ ἀπὸ τῶν] τῶν ἀπόντων
37.5 ἀπρονοήτους Oldfather] ἀπρονοήτως
38.1 δεξάμεναι Lucarini] ἀρξάμεναι
38.3 τοῦ κρατήσαντος] τοῦς κρατήσαντας
39.5 προσβάλλοντα] προσβάλλειν τὰ
39.6 γὰρ] γε
40.1 στρατιωτῶν] στρατηγῶν
41.1 προκαθίσῃ] προκαθίσας
41.2 μέρεσι] κλίμασι
42.3 ἐπινοίας] ἐπινοίθ'
42.4 ὀργάνοις Lucarini] ἔργοις
42.5 καταλειφθέντες] καταλειφθέντας
42.7 ὅσ'] ὅτ'
42.7 κελεύσας] κελεῦσαι
42.9 ἄξει] ἕξει
42.10 ὥρας] ὁρᾷς
42.14 οὗτος] οὕτως
42.14 ἕνα τῶν] ἐν αὐτῷ
42.17 ἀνιμήσαιεν] zu καθιμήσαιεν geändert
42.18 ἐρρωμένως] ἐρρωμένην
42.20 φρονῇ] φρονεῖ
42.20 ἀποτιθέμενον] ἀποτιθέμενοι
42.21 τὰ ὅπλα φυλάττειν βουλομένους ῥίπτειν αὐτὰ] ῥίπτειν αὐτὰ βουλομένους φυλάττειν
42.21 μαρτύριον] μαρτυρεῖ
42.23 πιέσας] πιέσαι
42.23 ἔσται] εἰς δὲ
42.23 παρεσκευασμένας] παρασκευὰς μόνας
42.24 ἀλλὰ φορητός Lucarini] ἀλλ' ἄφορτος
42.24 ὃ] ἃ
42.24 αὕτη] ταῦτα
42.25 περὶ Lucarini] πρὸς

Weiterführende Literatur

Codex Laurentianus

http://mss.bmlonline.it > plut.55.4 > Carta:200r und folgende

Angelo Maria Bandini: Catalogus Codicum Manuscriptorum Bibliothecae Mediceae Laurentianae, Bd. II, Florenz 1768, 232.

Alphonse Dain: La collection florentine des tacticiens grecs, Paris 1940.

Editionen

Nicolaus Rigaltius: Ὀνοσάνδρου Στρατηγικός. Onosandri Strategicus. Sive de imperatoris institutione, Paris 1598–1599 (Erstedition mit lateinischer Übersetzung; diese separat publiziert Helmstedt 1619).

Aemilius Portus und Janus Gruterus: Ὀνοσάνδρου Στρατηγικός. Accedit seorsim in eundem Onosandrum Jani Gruteri uberior commentarius. Item Aemilii Porti ... observationes, Heidelberg 1600 (Edition nach Rigaltius; Einzelausgaben dieses und des Teils von Portus Heidelberg 1604, des Teils von Gruterus in zwei Bänden Heidelberg 1604–1605).

Joannes à Chokier de Surlet: Onosandri Strategicus, sive de imperatoris institutione, Rom 1610 (Edition und lateinische Übersetzung nach Rigaltius; Nachdruck in: Thesaurus Aphorismorum Politicorum, Rom 1611, Mainz 1613, Frankfurt 1615 und Mainz 1619 sowie ohne den griechischen Text Lüttich 1643, Köln 1649, Köln 1653 und Köln 1687).

Nicolaus Schwebel(ius): Onosandri Strategicus, sive de imperatoris institutione liber, Nürnberg 1761/1762 (Edition; französische Übersetzung von Zurlauben 1754; s. u. S. 157).

Adamantios Korais (Koraes, Corais, Coray): Ὀνησάνδρου Στρατηγικὸς καὶ Τυρταίου τὸ πρῶτον Ἐλεγεῖον, μετὰ τῆς Γαλλικῆς ἑκατέρου μεταφράσεως (Παρέργων Ἑλληνικῆς βιβλιοθήκης Bd. 5), Paris 1822 (Edition; französische Übersetzung von Zurlauben 1754; s. u. S. 157).

Hermann Köchly: Ὀνοσάνδρου Στρατηγικός. Onosandri de imperatoris officio liber, Leipzig 1860 (Edition).

William A. Oldfather u. a.: Aeneas Tacticus, Asclepiodotus, Onasander. (Loeb Classical Library 156), Cambridge, MA und London 1923, 341–527 (Edition mit englischer Übersetzung).

Eleonore Korzensky und Rezsö Vári: Onasandri Strategicus (Sylloge tacticorum Graecorum I 1), Budapest 1935 (Edition).

Übersetzungen

Nicolaus Sagundinus: Onosander ad Q. Veranium de optimo imperatore eiusque, Rom 1494 (lateinisch; Nachdrucke Paris 1504–1506, Basel 1541, Basel 1558, Basel 1570).

Anon.: Die vier bücher Sexti Julij Frontini des Co[n]sularischen man[n]s von den gůten Raethen vnd Ritterlichen anschlegen der gůten hauptleut. Onexander von den Kriegßhandlungen vnd R[ae]then der hocherfarn gůten hauptleut, sampt jren zůgeordenten. Die lere so Keyser Maximilian in[n] seiner ersten jugent gemacht, vnnd durch eyn trefflichen erfarn man[n] seiner kriegßraeth im zůgestelt ist, Mainz 1532 (deutsch).

Jehan Charrier: L'art de la guerre composé par Nicolas Machiavelli; l'éstat aussi et charge d'un lieutenant général d'armée, par Onosander, ancien philosophe platonique, Paris 1546 (französisch).

Fabio Cotta: Onosandro platonico dell'ottimo capitano generale e del suo offizio. Tradotto di Greco in lingua volgare Italiana, Venedig 1546 und 1548 (italienisch; Nachdruck: Bibliotheca Rara 4, Mailand 1863).

Peter Whytehorne: Onosandro Platonico, of the generall captaine and of his office, translated out of Greke into Italyan by Fabio Cotta, a Romayne; and out of Italyan into Englysh, London 1563 (englisch).

Diego Gracián de Aldarete: Onosandro Platónico de las calidades y partes que ha de tener un excellente capitán general y de su officio y cargo, Barcelona 1567 (spanisch).

Joachimus Camerarius: Onosandri Graeci autoris de re militari commentarius in Latinum sermonem conversus, Nürnberg 1595 (lateinisch).

Blaise de Vigenère: L'art militaire d'Onosender, autheur grec, où il traicte de l'office et devoir d'un bon chef de guerre, Paris 1605 (französisch).

Tomás de Rebolledo: Del perfecto capitán general a Quinto Veranio Romano traducido primero de Grieco, y nueuamente en Castellano, Neapel 1635 (spanisch).

Béat Fidèle Antoine Jean Dominique de La Tour-Châtillon de Zurlauben: Le général d'armée, par Onosander. Ouvrage traduit du Grec, Paris 1754 (französisch; Nachdruck Paris 1757 und 1760; wieder in Korais 1822; s. o. S. 155).

Charles Guischardt: Les institutions d'Onosander pour servir à l'instruction d'un général, traduites du Grec, in: Ders.: Mémoires militaires sur les Grecs et les Romains, Bd. II, Den Haag 1758, 49–106 (französisch; Nachdruck Lyon 1760).

Albert Heinrich Baumgärtner: Onosanders Unterricht eines Feldherrn, übersetzt und mit Anmerkungen erläutert, in: Ders. (Hg.): Vollständige Sammlung aller Kriegschriftsteller der Griechen, Mannheim 1777 (deutsch; Einzelausgabe Mannheim 1786).

François Charles Liskenne und Jean-Baptiste Balthazar Sauvan: Bibliothèque historique et militaire, dédiée à l'armée et à la garde nationale de France, Bd. 3, Paris 1844, 405–435 (französisch, nach Guischardt 1757).

Michael Konstantiniades: Ὀνησάνδρου Στρατηγικός, μεταφρασθεὶς ἐκ τῆς ἀρχαίας εἰς τὴν καθ' ἡμᾶς Ἑλληνικήν, Athen 1897 (neugriechisch).

Václav Marek und Jan Kalivoda: Antické válečné umění (Antická knihovna 36), Prag 1977 (tschechisch).

Antonio Angelini: L'ottimo comandante di Onosandro Platonico, in: Ministero della Difesa, Stato Maggiore dell'Esercito (Hg.): Studi storico-militari 1988, Rom 1990, 279–369 (italienisch).

Olivier Battistini, Pascal Charvet und Anne-Marie Ozanam: La guerre. Trois tacticiens grecs. Enée, Asclépiodote, Onasandre, Paris 1994 (französisch).

Corrado Petrocelli: Onasandro, Il generale. Manuale per l'esercizio del comando (Paradosis 10), Bari 2008 (italienisch).

Luíza Monteiro de Castro Silva Dutra: Do General de Onassandro, Diss. Belo Horizonte (Brasilien) 2010 (portugiesisch; ungedruckt).

Pierre-Emmanuel Barral: Onosander. Le général d'armée, Diss. Paris 2010 (französisch; ungedruckt).

Antonio Sestili: Onasandro. Strategikos. Manuale per il comandante dell'esercito (Scienze dell'antichità, filologico-letterarie e storico-artistiche 677), Rom 2010 (italienisch).

In der Einführung genannte antike Werke

Ailianos – Kai Brodersen: Ailianos, Antike Taktiken / Taktika. Griechisch und deutsch, Wiesbaden 2017.

Arrianos – Kai Brodersen: Arrianos / Asklepiodotos, Die Kunst der Taktik. Griechisch und deutsch (Sammlung Tusculum), Berlin 2017.

Asklepiodotos – s. o. Arrianos

Johannes Lydos – Michel Dubuisson und Jacques Schamp: Jean le Lydien, 3 Bde., Paris 2006.

Josephus – Heinrich Clementz: Flavius Josephus, Jüdische Altertümer (1899), hg. v. Michael Tilly, Wiesbaden 2012.

Polyainos – Kai Brodersen: Polyainos, Strategika. Griechisch und deutsch (Sammlung Tusculum), Berlin 2017.

Suda – Ada Adler: Suidae Lexicon, 5 Bde., Leipzig 1928–1938; englische Übersetzungen auf www.stoa.org/sol.

Tacitus – Walther Sontheimer: Tacitus, Annalen. Lateinisch und deutsch, neu hg. v. Kai Brodersen (Reclam), Stuttgart 2013; Robert Feger, Tacitus: Agricola. Lateinisch und deutsch, neu hg. v. Kai Brodersen (Reclam), Stuttgart 2017.

Zu Quintus Veranius

Anthony R. Birley: The Roman Government of Britain, Oxford 2005, 37–43.

Kai Brodersen: Das römische Britannien. Darmstadt 1998, 95–97.

Maurizio Giovagnoli, in: Rosanna Friggeri (Hg.): Terme di Diocleziano. La collezione epigrafica, Mailand 2012, 324 f. Nr. VI 28.

Arthur E. Gordon: Quintus Veranius Consul A. D. 49 (University of California Publications in Classical Archaeology 2.5), Berkeley und Los Angeles 1952.

Klaus Wachtel u. a.: Veranius (V 389), in: Werner Eck, Matthäus Heil und Johannes Heinrichs (Hgg.): Prosopographia Imperii Romani², Bd. VIII, Fasc. 2 (UV–Z), Berlin 2015, 201–203.

Studien zu Onasandros und seinem Werk

Delfino Ambaglio: Il Trattato »Sul Comandante« di Onasandro, in: Athenaeum 69, 1981, 353–377.

Erich Bayer: Onasandros. Die Entstehungszeit des Strategikos, in: Würzburger Jahrbücher 2, 1947, 86–90.

Brian Campbell: Teach yourself how to be a general, in: Journal of Roman Studies 77, 1987, 13–29.

James T. Chlup: Just War in Onasander's Strategikos, in: Journal of Ancient History 2.1, 2014, 37–63.

Alphonse Dain: Les manuscrits d'Onésandros (Collection d' Études Anciennes), Paris 1930.

Immacolata Eramo: Un certo tractatello de l'officio del buon capitanio. Ludovico Carbone traduttore di opere pellegrine, in: Paideia 61, 2006, 153–195.

Lucia Ercolani: La lingua di Onasandro. Ricerche sugli hapax legomena, in: Annali della Facoltà di Lettere e Filosofia (Siena) 18, 1997, 43–53.

Marco Formisano: The Strategikos of Onasander. Taking military texts seriously, in: Technai 2, 2011, 39–52.

Alessandro Galimberti: Lo Strategikos di Onasandro, in: Marta Sordi (Hg.): Guerra e diritto nel mondo greco e romano (Contributi dell' Istituto di storia antica 28 = Scienze Storiche 80), Mailand 2002, 141–154.

Yann Le Bohec: Que voulait Onesandros?, in: Yves Burnand, Yann Le Bohec und Jean-Pierre Martin (Hgg.): Claude de Lyon. Émpereur Romain, Paris 1979, 169–179.

Carlo Martino Lucarini: Ad Onasandri Strategicum, in: Museum Helveticum 67, 2010, 222–227.

Pierre Mesplé: Pour une relecture des stratégistes antiques. L'exemple du Strategicos d'Onosander, in: Jean-Pierre Bois (Hg.): Dialogue Militaire entre Anciens et Modernes (Centre de Recherches sur l'Histoire du Monde Atlantique, Université de Nantes, Enquêtes & Documents 30), Rennes 2004, 25–38.

Karl Konrad Müller: Eine griechische Schrift über Seekrieg (Festgabe zur dritten Säcularfeier der Universität Würzburg), Würzburg 1882 (zur Textüberlieferung).

Werner Peters: Untersuchungen zu Onasander, Diss. Bonn 1967.

Herbert Plöger: Studien zum literarischen Feldherrnporträt römischer Autoren des 1. Jahrhunderts v. Chr., Diss. Kiel 1975.

Hermann von Rohden: Quas rationes in hiatu vitando scriptor de sublimitate et Onesander secuti sint, in: Commentationes in honorem Francisci Buecheleri et Hermanni Useneri, Bonn 1873, 68–94.

Hans Michael Schellenberg: Einige Bemerkungen zum Strategikos des Onasandros, in: Lukas de Blois und Elio Lo Cascio (Hgg.): The Impact of the Roman Army (200 BC – AD 476). Economic, Social, Political, Religious and Cultural Aspects (Impact of Empire 6), Leiden 2007, 181–191.

Christopher J. Smith: Onasander on How to be a General, in: Michel Austin, Jill Harries und Christopher J. Smith (Hgg.): Modus Operandi. Essays in Honour of Geoffrey Rickman (Bulletin of the Institute of Classical Studies Supplement 71), London 1998, 151–166.

Für die engagierte verlegerische Betreuung dieses Bandes danke ich Lothar Wekel, für das Mitlesen der Korrekturen Timo Gimbel, Johanna Leithoff, Lucas Rischkau, Otto Ritter und meiner lieben Frau Christiane.

Universität Erfurt, im August 2017 — Kai Brodersen

Register